苜蓿干草品质对加工方式与贮藏条件响应机制的研究

◎ 刘鹰昊 尹 强 贾玉山 武 倩 侯美玲 著

 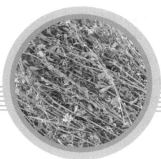 

中国农业科学技术出版社

图书在版编目（CIP）数据

苜蓿干草品质对加工方式与贮藏条件响应机制的研究／刘鹰昊等著．—北京：中国农业科学技术出版社，2019.12

ISBN 978-7-5116-4538-8

Ⅰ.①苜… Ⅱ.①刘… Ⅲ.①紫花苜蓿–干草–品质–影响–加工–研究②紫花苜蓿–干草–品质–影响–贮藏–研究 Ⅳ.①①S816.5

中国版本图书馆 CIP 数据核字（2019）第 291918 号

责任编辑	李冠桥
责任校对	李向荣

出 版 者	中国农业科学技术出版社
	北京市中关村南大街 12 号　邮编：100081
电　　话	（010）82109705（编辑室）　（010）82109702（发行部）
	（010）82109709（读者服务部）
传　　真	（010）82106650
网　　址	http://www.CASTP.cn
经 销 者	各地新华书店
印 刷 者	北京建宏印刷有限公司
开　　本	710mm×1 000mm　1/16
印　　张	11.5
字　　数	206 千字
版　　次	2019 年 12 月第 1 版　2019 年 12 月第 1 次印刷
定　　价	50.00 元

作者简介

　　刘鹰昊，男，蒙古族，1989 年 9 月出生于内蒙古自治区赤峰市喀喇沁旗。2009 年 9 月至 2013 年 6 月就读于内蒙古农业大学生态环境学院草业科学专业，获农学学士学位；2013 年 9 月至 2018 年 6 月就读于内蒙古农业大学草原与资源环境学院草学专业，硕博连读。

　　攻读博士学位期间发表 SCI 论文 1 篇，中文期刊论文 3 篇。

摘　要

　　贯彻落实 2015 年中共中央国务院一号文件（简称中央一号文件，全书同）中提出的发展"草牧业"政策，除优化种植结构，增加优质饲草原料种植比例，提高优质饲草资源供给能力之外，通过科学合理的牧草收获、加工和贮藏技术，提高饲草资源的饲用转化利用率，也是振兴畜牧业和奶业发展的必由之路。为解决我国苜蓿主产区干草生产和贮藏过程等关键环节存在的问题，研究苜蓿最适收获条件、筛选最佳干草捆加工方式、揭示贮藏条件对苜蓿干草捆营养品质变化的影响，旨在为我国优质苜蓿干草的生产和贮藏提供可借鉴的理论依据和技术支持。

　　笔者以内蒙古自治区赤峰市——首农辛普劳草业基地为试验地点，以"金皇后"紫花苜蓿（*Medicago sativa* L. cv. Golden Empress）为试验原料，通过大田和贮藏试验对苜蓿的收获、加工调制和安全贮藏的技术和机理进行了系统全面的研究。

　　在整个工作过程中，本试验主要采用的试验设计为单因素、双因素试验设计，利用 R 语言和 Sigmaplot 软件，结合 ANOVA 分析、箱形函数分析、Tuke-yHSD 函数杜奇检验分析、对应分析及模拟寻优分析等分析方法，得到的具体研究结论如下。

　　（1）综合考虑刈割期、留茬高度和刈割茬次对苜蓿产量和营养品质的影响，得出试验地区苜蓿最适留茬高度为 5~6cm、最适刈割期为初花期、刈割茬次为 3 次。

　　（2）综合考虑加工方式对苜蓿干草捆贮藏 360d 时常规营养成分、矿物质元素、氨基酸和霉菌毒素含量的影响得出，不同加工方式处理的苜蓿干草捆内营养成分含量显著降低。其中，C12 处理中 CP 和 RFV 含量分别下降 5.66% 和 19.25%，与其他处理相比，差异显著（$P<0.05$）。不同加工方式处理的苜蓿干草捆内霉菌毒素含量显著升高。其中，C12 处理中 Alfatoxin、Vomitoxin、T-

2toxin、Zearalenone、Fumonxion 和 Ochratoxin 含量分别上升 8.44%、2.75%、5.99%、5.58%、7.72% 和 5.25%，与其他处理相比，霉菌毒素含量最低，差异显著（$P<0.05$）。综合分析得出，贮藏 360d 时，C12（17% 含水量、180kg/m^3 打捆密度）与其他处理相比，营养品质保存较好，霉变程度较低。

（3）综合考虑贮藏条件对苜蓿干草捆内常规营养成分、矿物质元素、氨基酸含量的影响得出：①贮藏环境（温度和相对湿度）与苜蓿干草捆内常规营养成分之间存在正相关关系，其中与 WSC 和 CP 含量相关程度最高，回归方程分别为，

$$WSC = -19.5602 - 1.9530x_1 + 1.2931x_2 + 0.0526x_1x_2 - 0.0612x_1^2 - 0.0147x_2^2 (P < 0.05，R^2 = 0.9043)$$
$$CP = -20.2001 - 2.5984x_1 + 1.6724x_2 + 0.0687x_1x_2 - 0.0750x_1^2 - 0.0192x_2^2 (P < 0.05，R^2 = 0.8764)$$

贮藏环境（温度和相对湿度）与苜蓿干草捆内矿物质元素之间存在正相关关系，其中与 Ca 和 P 含量相关程度最高，回归方程分别为：

$$Ca = -4.9709 - 0.3887x_1 + 0.2591x_2 + 0.0098x_1x_2 - 0.0099x_1^2 - 0.0028x_2^2 (P < 0.05，R^2 = 0.9548)$$
$$P = -0.9569 - 0.0828x_1 + 0.0534x_2 + 0.0021x_1x_2 - 0.0023x_1^2 - 0.0005x_2^2 (P < 0.05，R^2 = 0.9379)$$

贮藏环境（温度和相对湿度）与苜蓿干草捆内氨基酸含量之间存在正相关关系，其中与 Methionine 含量相关程度最高，回归方程为：

$$Methionine = -1.1729 - 0.0898x_1 + 0.0621x_2 + 0.0023x_1x_2 - 0.0024x_1^2 - 0.0006x_2^2 (P < 0.05，R^2 = 0.9693)$$

②贮藏时间会对苜蓿干草捆内常规营养成分含量产生影响，随贮藏时间的延长，干草捆内常规营养成分含量持续下降。当贮藏 90d 后，CP 含量显著降低（$P<0.05$）；贮藏 60d 后，RFV 含量显著降低（$P<0.05$）。贮藏时间会对苜蓿干草捆内 Lysine 和 Methionine 含量产生影响。随贮藏期的延长，Lysine 和 Methionine 含量呈现出平稳下降趋势。贮藏时间会对苜蓿干草捆内 Ca、P、Mg、K 含量产生影响，随贮藏时间的延长，矿物质元素含量持续下降，其中 Ca 和 K 含量随贮藏期的延长呈现出平稳下降趋势，P 和 Mg 含量在贮藏 10d 后，含量显著降低（$P<0.05$）。

（4）综合考虑贮藏条件对苜蓿干草捆内霉菌毒素含量的影响得出：①贮藏环境（温度和相对湿度）与苜蓿干草捆内霉菌毒素含量之间存在正相关关系，其中与 T-2toxin 和 Ochratoxin 含量相关程度最高，回归方程分别为，

$$T-2toxin = 11.6133 + 0.5912x_1 - 0.3593x_2 - 0.0212x_1x_2 - 0.0274x_1^2 - 0.0051x_2^2 (P < 0.05，R^2 = 0.9987)$$
$$Ochratoxin = 18.8208 + 1.3875x_1 - 0.8243x_2 -$$

$0.0407x_1x_2 - 0.0512x_1^2 - 0.01059x_2^2$（$P < 0.05$，$R^2 = 0.9443$）。②贮藏时间会对苜蓿干草捆内霉菌毒素含量产生影响，其中 Aflatoxin、Vomitoxin、T-2toxin 和 Ochratoxin 含量随贮藏期的延长呈现出平稳上升趋势；Fumonxion 和 Zearalenone 含量在贮藏 30d 后显著升高（$P>0.05$）。

Abstract

To implement the policy of Grass and Animal Husbandry the central committee of the State Council in 2015, in addition to optimize the planting structure, it is necessary to increase the planting proportion of the high quality forage to improve the ability of supplement of high quality forage to improve the ability of supplement of high quality forage resources, through scientific and reasonable forage processing technology, improve the existing forage transformation efficiency of forage.

In order to solve the problems in the process of hay production and storage in the main alfalfa region, study the optimum conditions for harvesting of alfalfa、 select the best hay processing method、 reveal the effect of storage conditions on nutrient quality of alfalfa hay bale, aimed to provide theoretical basis and technical support for the excellent quality alfalfa hay production of our country. It was taken simplot grass industry base as experimental sites, and "Golden Empress" alfalfa as experimental material, studied the technology and mechanism of harvest, hay making and hay storage of alfalfa systematically through plot experiment and field experiment.

This experiment used the design of single factor, double factors and combined the analysismethod of ANOVA, boxfunction analysis, tukeyHSD function analysis, correspondence analysis and simulation optimization. The results were as follows.

(1) Considering the effects of different cutting periods, stubble height and cutting times on alfalfa yield and nutrients, thought that the suitable cutting stubble height of alfalfa was 5~6 cm, the appropriate cutting period of alfalfa was the initial flowering stage, the appropriate cutting times of alfalfa was 3 times.

(2) Considering the effect of different processing methods on the content of conventional nutrients, mineral element content, amino acid content and the content of mycotoxin in bales, when the different treatments of alfalfa hay stored 360d, CP and

RFV content were significantly reduced. Among them, the content of CP and RFV in C12 treatment decreased by 5.66 and 19.25 percentage points respectively, compared with other treatments, C12 has a higher content of CP and RFV, with significant difference ($P < 0.05$). The content of mycotoxin in alfalfa was the highest in the storage of 360d. Among them, the content of alfatoxin, vomitoxin, T – 2toxin, Zearalenone, fumonxion and ochratoxin were increased by 8.44, 2.75, 5.99, 5.58, 7.72 and 5.25 percentage points respectively. Compared with other treatments, the content of 6 kinds of mycotoxin in C12 were low and significant ($P < 0.05$). According to the comprehensive analysis, C12 (17% moisture content, 180kg/m^3 density) was compared with other treatments, and when the storage time was 360d, the nutritional quality was better preserved and the mildew degree was lower.

(3) Considering the effects of storage condition on conventional nutrients, mineral elements and amino acids in alfalfa hay bales, it was concluded that: ① storage environment (temperature and relative humidity) influences alfalfa hay bales within conventional nutrients that there was a positive correlation between the most significant impact on the content of WSC and CP, the regression equation, respectively, WSC = 19.5602 − 19.5602x_1 + 1.9530x_2 + 0.0526x_1x_2 − 0.0612x_1^2 + 0.0526x_2^2($P < 0.05$, $R^2 = 0.9043$) CP = 20.2001 − 20.2001x_1 + 2.5984x_2 + 0.0687x_1x_2 − 0.0750x_1^2 + 0.0687x_2^2($P < 0.05$, $R^2 = 0.8764$), storage environment (temperature and relative humidity) influences alfalfa hay bales that there was a positive correlation between mineral elements in the biggest influence of Ca and P elements, the regression equation, respectively, Ca = 4.9709 − 4.9709 x_1 + 0.3887x_2 + 0.0098x_1^2 − 0.0099x_1^2 + 0.0098 x_2^2 ($P < 0.05$, $R^2 = 0.9548$) P = 0.9569 − 0.0828x_1 + 0.0534x_2 + 0.0828x_1^2 − 0.0023x_1^2 − 0.0005x_2^2($P < 0.05$, $R^2 = 0.9379$). The regression equation of lysine and Methionine were, Lysine = − 3.896 − 0.3048x_1 + 0.2073x_2 + 0.0075x_1^2 − 0.007x_1^2 − 0.0022x_2^2 ($P < 0.05$, $R^2 = 0.9150$) Methionine = − 1.1729 − 0.0898x_1 + 0.0621x_2 + 0.0023x_1^2 − 0.0024x_1^2 − 0.0006x_2^2($P < 0.05$, $R^2 = 0.9693$). ②Storage time influences the conventional nutrients in alfalfa hay bales. The content of conventional nutrients in the bales decreased with the increase of storage time. After the storage of 90d, CP content decreased significantly; after storage of

60d, the content of RFV decreased significantly. The storage time had an effect on Lysine and Methionine content in alfalfa hay, and lysine and Methionine showed a steady decline with the extension of the storage period. Storage time influences the conventional nutrients in alfalfa hay bales. on Ca, P, Mg, K content, along with the extension of storage time, the content of mineral elements continues to decline, which Ca, K elements along with the extension of storage period present a steady decline trend; P and Mg were significantly reduced after 10d storage.

(4) Considering the effects of storage condition of alfalfa hay bales on the content of mycotoxin, it was concluded that: ① storage condition (temperature and relative humidity) influences alfalfa hay bales mycotoxin content that there was a positive correlation between the most significant influence on the T−2 toxin and ochratoxin, regression equation, respectively, T−2 toxin = 11.6133 − 0.5912x_1 + 0.5912x_2 − 0.0212x_1x_2 − 0.0274x_1^2 − 0.0051x_2^2 ($P < 0.05$, $R^2 = 0.9987$), $ochratoxin$ = 18.8208 − 1.3875x_1 + 1.3875x_2 − 0.0407x_1x_2 − 0.0512 x_1^2 − 0.01059x_2^2 ($P < 0.05$, $R^2 = 0.05$). ② storage time influencesthe content of mycotoxinin alfalfa hay bales, including aflatoxin, vomitoxin, T−2 toxin, ochratoxin. Along with the extension of storage period, the contents of aflatoxin, vomitoxin, T−2 toxin , ochratoxinshowed a rising trend; fumonisins and Zearalenone in storage time after 30d, rise significantly.

目　　录

图表目录

1 引　言

1.1　研究背景

苜蓿（*Medicago sativa* L.）是一种具有广泛适应性、生产力极强的多年生优质豆科牧草，在世界各地广泛种植。其不仅营养价值高、粗蛋白质、维生素和矿物质含量丰富、氨基酸构成齐全和适口性优越，而且耐干旱、耐冷热、产量高而质优，在我国草地畜牧业发展和生态文明建设中具有重要作用。

目前，我国草地畜牧业发展迅速，舍饲养殖业逐渐兴起，牲畜数量持续增长。但由于全球生态环境和气候的恶化，牧草产量急剧下降，年度和季节性供给严重不平衡，草畜矛盾已成为制约草地畜牧业健康可持续发展的主要瓶颈。因此，如何保证牧草充足均衡供应、提高饲草利用价值、缓解草畜矛盾成为了迫切需要解决的关键问题。因此，大力发展我国苜蓿产业、加工调制优质干草、不断优化贮藏技术可有效解决草畜矛盾的难题。

优质高产苜蓿是保障我国草地畜牧业发展的重要基础。随着国民生活水平的逐渐提高，人体对动物性蛋白的需求量也随之增加，这就直接促进了草地畜牧业的发展。苜蓿作为蛋白质含量最高的牧草，其产量和种植面积的增加会对草地畜牧业的健康可持续发展起到积极推动作用。苜蓿干草中蛋白质含量丰富，可替代部分精料饲喂奶牛。研究表明，在日粮中适当添加苜蓿干草粉可有效提高奶牛乳脂率和受胎率、增加产奶量、减少发病率和胎衣滞留情况的发生。

2010 年 12 月，原农业部常务副部长刘成果、副部长张宝文及任继周院士等 14 位老部长、专家给时任国务院总理温家宝写信，提出了关于大力推进我国苜蓿产业发展的建议。温家宝高度重视并批示："赞同，要彻底解决牛奶质量安全问题，必须从发展优质饲草产业抓起"。2012 年 1 月，中央一号文件决定启动实施"振兴奶业苜蓿发展行动"。2013 年 6 月 7 日，辽宁省锦州市成功举办了全国振兴奶业苜蓿发展行动现场会，农业部副部长高鸿宾总结了振兴奶业苜蓿发展行动实施以来所取得的成效和经验，并指出中国奶业要走出一条具有中国特色的可持续发展之路，加快推进标准化规模养殖，建设优质奶源基地，大力实施"振兴奶业苜蓿发展行动"，从源头上提高生鲜乳质量安全水平。为学习贯彻 1 月 24 日习近平总书记考察河北旗帜乳业时的重要指示精神，2017 年 2 月 8 日农业部组织各省级农牧部门、奶业企业代表、行业协会和专家，召开专题座谈会，共商我国奶业发展大计，研究部署振兴奶业"五大行动"，加快推进现代化奶业建设。围绕"种优质草"，开展牧草保障行动。全面实施《我国苜蓿产业发展规划（2016—2020 年）》，加大关键技术指导和资金投入，每年建设 50 万亩①优质高产苜蓿基地。2017 年以"镰刀弯"和黄淮海等地区为重点，深入推进粮改饲补贴试点，将粮改饲规模扩大至 1 000 万亩以上。力争到 2020 年，优质苜蓿产量可达到 540 万 t，奶牛用青贮玉米产量达到 4 000 万 t，满足奶牛对优质饲草料的需求。围绕"养优质牛"，开展健康养殖行动。支持家庭牧场发展、小区牧场化改造和养殖场改扩建，"十三五"期间创建 300 家标准化示范牧场，深入开展奶业生产性能测定工作，引领带动生产技术水平提高。围绕"产优质奶"，开展质量安全行动。2017 年将连续第 9 年组织实施生鲜乳质量监测计划和生鲜乳违禁物质专项整治行动，通过信息化手段对全国 6 352 个奶站和 5 366 辆生鲜乳运输车实现精准化、全时段管理，构建严密的全产业链质量安全监管体系。围绕"创优质品牌"，开展品牌创建行动。组织中国奶业协会办好奶业 20 强（D20）峰会，举办 D20 企业高峰论坛，展示 D20 企业的乳品品牌形象。

草牧业是我国经济发展中的朝阳产业，是富国强民的新产业。为此，就苜蓿产业推动畜牧业和农业可持续发展的经济问题，国内外许多学者在不同角度、多方面进行了论述，结果表明，苜蓿产业对各行业都有支撑作用，且其应用前景十分广阔。

目前，我国苜蓿产业发展迅速，全国各地都已建立了众多苜蓿干草产品加工企业，但由于收获、加工和贮藏技术的不成熟，致使苜蓿营养品质大幅下

---

① 1 亩约为 667m²，全书同。

降，导致我国苜蓿干草产量和质量难以达到国际水准。优质苜蓿干草饲料是获得安全健康畜产品的重要保障，然而因苜蓿干草在收获和加工中技术的不成熟，常会致使苜蓿干草营养成分严重下降；如果贮藏不当，更会导致干草捆发霉变质，严重危害畜禽健康及其产品的质量安全。合理的苜蓿干草收获、加工调制和贮藏方法是企业生产作业中最为重要的环节，是能否获得优质高产苜蓿干草的关键技术。因此，开展苜蓿干草安全收获、加工和贮藏等研究工作，推进各项关键技术的应用，以提高我国苜蓿干草产量和质量，从而为苜蓿产业的快速、稳定、健康发展提供保障，造福广大农牧民。

本书介绍了通过研究苜蓿干草适时收获、加工和贮藏方面的关键技术和机理，探索成功的适合苜蓿干草安全生产、加工和贮藏的关键工艺条件，为企业生产实践提供一定的理论依据和技术服务。

1.2　国内外苜蓿产业发展现状

1.2.1　国外苜蓿产业发展现状

苜蓿分布广泛，世界各地均有栽培。在北半球，美国、加拿大、意大利、法国、中国和原苏联南部是其产区；在南半球，阿根廷、智利、南非、澳大利亚等国家栽培较多，详细见表 1.1 和表 1.2。

表 1.1　全球主要国家苜蓿种植面积（2005—2015 年）

Tab. 1.1　Alfalfa planting area of major countries in the world（2005—2015）

单位：万亩

地区	国家	年份				
		2005	2010	2013	2014	2015
欧洲	俄罗斯				4 800	
	意大利				3 000	
	法国				2 160	
	匈牙利				495	
	西班牙	369.3	406.8	374.7	375	
	保加利亚				300	

（续表）

地区	国家	年份				
		2005	2010	2013	2014	2015
北美洲	美国	10 292.17	8 828.62	7 827.02	8 194.88	8 180.32
	加拿大	6 755.91	7 613.34	6 816.99	6 816.99	6 816.99
					5 700	
南美洲	阿根廷				5 250	
					6 480	
亚洲	中国	5 114.4	6 117.7	7 447.9	7 117.2	7 067
					1 815	
大洋洲	澳大利亚				1 695	

数据来源：FAO USDA 欧盟干草协会农业部全国畜牧总站《中国草业统计》。

表 1.2　全球主要国家苜蓿干草产量（2005—2015 年）

Tab. 1.2　Alfalfa hay production in the world's major countries（2005—2015）

单位：万 t

地区	国家	年份				
		2005	2010	2013	2014	2015
欧洲	西班牙（草捆）	135.8	144.3	132.7	113.1	129.6
	意大利			58	3 000	
	法国			70.5	2 160	
	西班牙（颗粒）	369.3	406.8	374.7	375	
北美洲	美国	7 561	6 797.1	5 721.7	6 145.1	5 897.4
	加拿大				6 480	
亚洲	中国	5 114.4	6 117.7	7 447.9	7 117.2	7 067

数据来源：FAO USDA 欧盟干草协会农业部全国畜牧总站《中国草业统计》。

　　目前，美国、阿根廷和加拿大的苜蓿产业体系比较完善并对国际苜蓿产品市场具有较大影响。美国是全世界苜蓿干草产量最高、种植面积最大的国家。不仅如此，苜蓿种植业还是美国牧草生产中经济效益最高的支柱产业，其产值

和畜牧业产值占农业总产值的 55%~60%。2015 年美国苜蓿干草总产达到
7 700 万 t,详细见图 1.1。

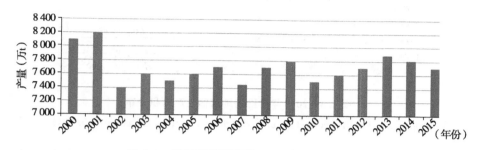

图 1.1 美国苜蓿草产量(2000—2015 年)

Fig. 1.1 American alfalfa yield (2000—2015)

1.2.2 国内苜蓿产业发展现状

我国苜蓿栽培历史悠久,种植区主要以西北、华北、东北为主。2015 年全
国苜蓿生产总面积达 7 067 万亩,产量达 3 218 万 t。其中甘肃省产量最多,占
总产量的 22%,新疆维吾尔自治区种植面积最广,占总种植面积的 23.48%。
详细见图 1.2 和图 1.3。

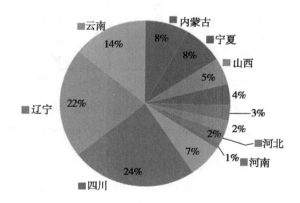

图 1.2 2015 年全国各地苜蓿干草产量分布

Fig. 1.2 Alfalfa hay yield distribution across the country in 2015

我国商品苜蓿草产品形式多样,主要以草捆、草块、草颗粒和草粉为主。

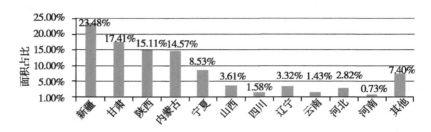

图 1.3　2015 年全国各地苜蓿生产面积分布

Fig. 1. 3　Alfalfa production area distribution across the country in 2015

2015 年我国草捆产量达 132 万 t、草颗粒产量达 40 万 t、草块产量达 21 万 t、草粉产量达 23 万 t，详细见图 1.4。

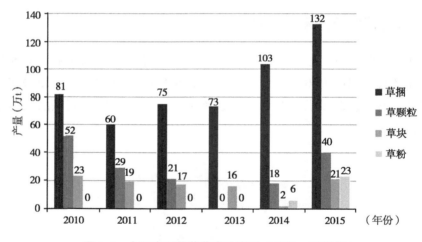

图 1.4　全国商品苜蓿草产品产量（2010—2015 年）

Fig. 1. 4　Production of the national alfalfa grass products（2010—2015）

美国、加拿大、西班牙和吉尔吉斯斯坦是我国苜蓿干草进口的主要国家。2017 年 1—12 月，我国苜蓿干草累计进口 140 万 t，同比增加 0.8%，其中从美国进口 131 万 t，占 93%。苜蓿干草平均到岸价格 303 美元/t，同比下跌 6%，详细见图 1.5。

西班牙是我国苜蓿粗粉和颗粒的主要进口国。2017 年 1—12 月，我国进口苜蓿粗粉及颗粒累计 3.8 万 t，同比增加 15%；苜蓿粗粉及颗粒平均到岸价格

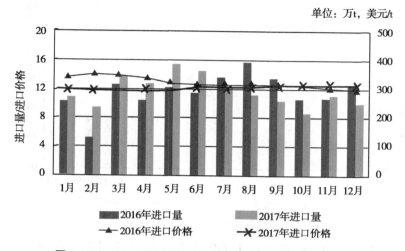

单位：万t，美元/t

图 1.5　2016—2017 年 1—12 月我国苜蓿干草月度进口情况

Fig. 1.5　The monthly import of alfalfa hay in China from January to December，2016—2017

251 美元/t，同比上涨 0.9%。2014 年底开始市场准入以来，各国积极探索我国草产品市场，但因时间短、对市场认识不足等原因，导致各出口国苜蓿粗粉和颗粒供给不稳定，致使我国苜蓿颗粒的进口呈较强的波动性。从我国当前苜蓿市场消费情况来看，苜蓿颗粒的进口量将会随着供求双方的不断磨合而进一步增加，详细见图 1.6。

1.3　干草捆

干草捆具有加工成本低和工艺简单的特性，使其成为了苜蓿最广泛应用的牧草加工产品形式。在苜蓿田间打捆生产作业时，低含水量打捆往往会导致苜蓿幼嫩叶片脱落，从而造成营养物质的大量损失和浪费，降低了牧草经济价值；高含水量打捆，可有效减少苜蓿干草叶片脱落，缩小苜蓿茎秆与叶片之间的水分含量差值，从而提高苜蓿干草捆营养品质，同时还可以解决苜蓿干草调制期与季节之间雨热同期的矛盾，对收获优质高产苜蓿干草提供了技术支撑保障。然而高水分打捆技术也有缺陷，因苜蓿干草打捆时水分含量较高，会很容

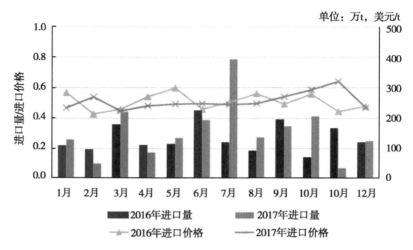

图 1.6　2016—2017 年 1—12 月我国苜蓿粗粉及颗粒月度进口情况

Fig. 1.6　The monthly import of coarse powder and grain of alfalfa in China from January to December，2016—2017

易引起干草发霉变质，产生各种霉菌毒素，严重降低干草营养品质，威胁家畜和人体健康。苜蓿高水分草捆霉变时产生的霉菌毒素是致使干草营养品质下降的最主要原因。

目前，很多学者对粮食作物因霉变而产生的霉菌毒素进行了一系列研究，然而对不同加工方式的苜蓿干草捆贮藏后因霉变产生的霉菌毒素方面的研究则很少。因此，研究不同加工方式的苜蓿干草捆贮藏后因霉变产生的霉菌毒素及引起的营养成分流失，高效保存苜蓿干草捆在贮藏期过程中的营养成分、提高干草饲用价值，为畜牧业生产提供理论依据就十分重要。

1.3.1　苜蓿干草捆田间收获技术

苜蓿干草捆是草地畜牧业和奶业市场中应用最广泛的一种草产品形式，其可通过田间自然晾晒和脱水干燥的技术手段获得。打捆能够使干草捆密度紧实，相对体积较小，便于运输，是商品草市场中非常重要的技术手段。

苜蓿干草捆田间收获技术的关键质控点在于合理控制刈割次数、掌握准确刈割时期、确保适当留茬高度。掌握正确的苜蓿干草捆田间收获技术是确保获得优质高产苜蓿干草的必备条件。

1.3.1.1 刈割时期

刈割时期会对苜蓿田间产量和营养品质产生重大影响，因此，掌握准确的刈割时期是获得高产优质干草的前提保障。国内学者对苜蓿刈割时期的研究一直以来都非常重视，研究技术点主要集中于刈割时期与干草产量和营养品质之间的相互作用。斯达（2018）研究表明，不同刈割时期会对苜蓿中 NDF、ADF 和 CP 产生显著或极显著影响。刘杰淋（2017）指出刈割期的选择对南方地区苜蓿的干草产量和营养品质具有不同影响，其中第一次刈割最佳时期应该为现蕾末期，第二次刈割为中花期，第三次为现蕾初期。宋书红（2017）提出苜蓿在现蕾期刈割的产量和营养价值优于营养期、开花期、盛花期和结荚期，随着牧草生育期的进程，NDF 和 ADF 含量增加显著，但是 RFV 显著降低（$P<0.05$）。赵久顺（2014）研究表明，苜蓿的营养成分含量与草产量呈现出明显的负相关，在苜蓿生长初期，营养成分含量高，但是草产量低；在生长末期，营养指标含量低，但是产草量高。刘振宇（2001）研究表明，随着苜蓿生长发育期的进程，从现蕾期至结荚期，苜蓿的营养成分含量显著下降（$P<0.05$），其中 CP 含量下降 37.67%、EE 含量下降 12.62%、Ash 含量下降 7.08%，而 NDF 含量增加 26.43%、ADF 含量增加 29.84%。

国外学者也在刈割时期对苜蓿营养物质含量的科学问题上进行了深入研究。Llovera（1998）通过科学试验表明，现蕾期刈割的苜蓿 DM 含量比盛花期刈割降低 15%，但是 CP 含量却增加 7.5%。Anderson（1988）研究发现，随着生长发育期的进程，不同品种苜蓿中 CP 含量呈降低趋势，其中，由 50%开花期到全部开花期，每天每千克 CP 含量下降 2g。Jefferson（1992）的研究也得出了类似结果，即由现蕾期至 50%开花期，苜蓿 DM 产量增加 17%，但营养品质却发生了下降。

1.3.1.2 刈割次数

合理科学的刈割次数是获得高产优质苜蓿的前提保障，是实现苜蓿生产年限最大化的必要手段。王坤龙（2016）研究表明，随着刈割次数的增加，根内储藏性营养物质含量减少，翌年返青率显著降低（$P<0.05$）。包乌云（2015）得出，内蒙古地区一年刈割 3 次可获得最大苜蓿干草产量；一年刈割 4 次时植

株最高，但茎叶比值最低，其产量较刈割 3 次时有所下降。随刈割茬次增加，苜蓿再生强度和再生速度都呈现出先升高后下降的趋势。于辉（2010）试验得出，黑龙江地区一年刈割 2 次可获得最大苜蓿干草产量，随着刈割次数的增加，苜蓿年间总生产能力显著降低。孙启忠（2004）研究表明，刈割次数会对越冬期间苜蓿体内 POD 和 SOD 活性产生影响，随刈割次数的增加，POD 和 SOD 活性随之降低，严重影响苜蓿越冬率和抗寒能力。郭正刚（2004）发现，刈割次数的增加会促进主根横向生长、抑制纵向生长，土壤表层侧根比例增加，根系体积和生物量急剧减少。

国外学者 Fecess（1968）研究表明，在盛花期刈割 2 茬的苜蓿田间产量比在初花期刈割 3 茬的田间产量低 17%，其原因为苜蓿在初花期时产气量低、叶片损失较少和净光合作用较高，从而导致了田间产量出现较大的区别。王建勋（2007）通过田间试验也得出了类似的结论。

1.3.1.3 留茬高度

苜蓿安全越冬率和再生性能与刈割留茬高度关系密切。留茬高度过低，田间产草量会增加，但是会影响到植物根部营养物质的积累、致使新生苜蓿枝条的生存能力和再生能力降低。时永杰（2001）研究得出，较高留茬高度利于根系翌年返青，如较低或齐地面刈割，则会对植物根系部位产生巨大影响，当面临冬季温度变化时，根系部位会丧失生活能力和再生能力。孙明（1991）研究表明，留茬高度不会对苜蓿株高产生影响，但对产草量、再生能力和枝条数影响很大。国外学者 Smith 等（1967）研究得出，在合理控制苜蓿刈割次数的情况下，留茬高度与产草量成负相关。

1.4 影响干草捆营养品质的因素

1.4.1 含水量

荣磊（2013）研究指出，按照打捆含水量（15%、20%、25%）、打捆密度（100kg/m³、150kg/m³、200kg/m³）对苜蓿干草捆进行处理时，根据相对饲用价值分析和草捆中因霉变而产生的霉菌毒素种类及数量，得出苜蓿草捆最适合的打捆密度是 150kg/m³、打捆含水量是 20%。牛建忠（2006）研究结果表明，当第一茬苜蓿干草在含水量为 33.08% 时进行打捆作业，贮藏 100d 后，随打捆密度的降低，NDF 和 ADF 含量也随之降低；在含水量为 21.16% 时，随干草捆密度降低，NDF 和 ADF 含量随之升高。吴良鸿（2008）通过田间调制干草试验得出，高水分 24.5% 条件下打捆，CP 含量较安全水分打捆时高出 0.39 个百分点、干物质产量高出 1 140 kg/hm² 草产量高出 2 025 kg/hm²。刘庭玉（2016）研究表明，紫花苜蓿干草捆在草捆间距 20cm、密度 120kg/m³、含水量为 30%~35%、每日鼓风干燥 3h 的条件下，所得紫花苜蓿干草捆的品质最优。

1.4.2 打捆密度

王志军等（2014）研究表明，当打捆密度为 100kg/m³，含水量为 28%~30%，添加 2% 氧化钙时，苜蓿干草捆的营养价值保存最好。尹强等（2010）试验结果表明，草捆密度的高低对干草捆内水分散失具有一定影响，当草捆水分含量为 33.08% 时，随干草捆密度的下降，水分散失速度随之加快；高水分干草捆随打捆密度的处理方式不同，草捆内部都有升温现象，其中以密度（378.2kg/m³）、水分（33.08%）处理的紫花苜蓿草捆升温最快，最高温度达到 39.2℃。

1.5 干草捆贮藏期间产生的霉菌

1.5.1 霉菌

随着饲料加工业的飞速发展和国内草牧业的新兴，因贮藏不当导致产生的霉菌及其毒素已经对各行业产生了巨大影响。据相关资料统计，大概有 30 余种霉菌和 210 余种霉菌毒素会对饲料行业产生危害。饲草产业和养殖业因霉菌及其毒素的危害而引起的经济损失不可估计，据联合国粮食组织评估，每年全世界因受霉菌及其毒素污染变质的饲料作物和粮食产量高达 6%~8%。霉菌及其毒素严重降低了饲料的营养价值、影响了饲料适口性，过量超标的霉菌毒素更会严重危害家畜生长和人类生命健康。因此，检测贮藏期间霉菌及其毒素的种类及数量对产业具有重大意义。

1.5.2 霉菌生长繁殖条件

霉菌是真菌的一部分，属真菌门。霉菌的基本单位是菌丝，其呈长管状，长度为 $2 \sim 10 \mu m$，可自前端生长并不断分枝。细胞壁分为三层：内层由几丁质微纤维构成、中层由糖蛋白构成、外层由 β 葡聚糖构成。菌丝可分为气生菌丝和营养菌丝，当外界环境适宜时，气生菌丝可进一步发育为繁殖菌丝，并自行产生大量孢子。如大量菌丝交织成网状或者絮状，可进一步形成菌丝体。菌丝体往往呈现出不同颜色，其中毛菌为白色毛状、青菌为绿色、黄曲霉菌为黄色。霉菌是人类科研实践活动中最早认识的一类微生物，其繁殖速度非常快，对饲料、食品和粮食作物都会产生污染，当霉菌含量超标时，可对家畜生命造成致命伤害。

霉菌的生长繁殖能力极强，可通过孢子进行无性或有性孢子繁殖。孢子具备数量巨多、休眠期长和抗逆性强等特点，这些特征都有助于霉菌在饲料和粮食作物中进行生长繁殖，加之霉菌的孢子体积小、重量轻、水分少、数量多、更加有利于霉菌在环境中散播和繁殖。对人类科学实践来讲，孢子的这些特征有利于霉菌接种、扩增、选育、贮藏和鉴别等工作；对人类的不利之处则是易于造成饲草料污染、霉变及传播动植物的霉菌病害。

不同种类的霉菌孢子具有不同的结构形状和形态色泽。霉菌是一类微生物，新陈代谢是其生命活动的基础，其在饲料和粮食作物中繁殖需要不间断的吸收营养物质，进行呼吸作用。相关研究发现，霉菌快速生长和繁殖的基本条件为：适宜的水分、温度和营养基质。

1.5.2.1 水分

饲料原料、配合饲料和浓缩饲料中的水分含量是霉菌快速生长繁殖的必要基础条件。饲料中的水分可分为游离水和结合水两种，其中霉菌类微生物能够利用的是游离水。总体来说，水分含量少的饲料中不易生长和繁殖霉菌类微生物，水分含量多的饲料则有利于霉菌微生物生长和扩散。但是在科学试验研究中不能够以饲料总水分含量值来客观评价霉菌类微生物对饲料产生的发霉影响，因为饲料中总水分含量值并不是可以被霉菌类微生物利用的实际含水量值。

从20世纪中期开始，科研学者已经采用水分活度来研究饲料中微生物与水分含量之间的相关性。水分活度是指在相同温度下的密闭容器中，饲料的水蒸气压与纯水蒸气压之比，它是监测饲料质量安全最重要的考核指标，可有效反映出饲料中霉菌类微生物的生存、繁殖、代谢和抗性的情况。一般情况下，饲料中水分含量与水分活度呈现出正比例关系，即水分含量越高，水分活度也越高。但是两者之间的关系也不简单的是正比例关系，而是受外界环境条件的影响。外界环境的相对湿度会通过影响饲料中水分活度和水分含量来影响饲料的营养品。在温度衡定时，饲料中的水分活度总是与外界环境的相对湿度持平。当饲料中的水分活度低于外界环境相对湿度时，外界环境中的水汽就会渗入到饲料当中，致使饲料的水分活度升高，最后达到两者持平；当饲料中的水分活度高于外界环境相对湿度时，饲料中的水分就会渗出到外界环境中，导致饲料的水分活度降低，最后也达到两者持平。饲料中霉菌生长繁殖所需要的水分活度跟其他微生物相比较低，一般而言，当水分活度值低于0.60时，所有的霉菌类微生物都不能生长繁殖，极少数的霉菌类微生物可以在0.65的水分活度值时生长。当水分活度值高于0.85时，霉菌类微生物的能够快速生长繁殖，从而引起饲料的发霉变质和腐烂。饲料中霉菌的产生和水分活度之间的关系非常复杂，因此是以后饲草产业研究的重点方向。

1.5.2.2 温度

温度（外界环境温度、饲料内部温度）是霉菌类微生物生产繁殖的重要影响因素。研究表明，谷物类饲料内部温度达到7℃时，霉菌孢子就会发芽生长；当温度达到27℃时，其生长繁殖速度最快；温度达到47℃时，霉菌类微生物会全部转化为孢子状态或者死亡。微生物菌体本身的生理特征性决定了不同菌种的最适生长温度。大部分霉菌类微生物生长的最适温度为28~30℃，当低于10℃或者高于30℃时，其生长速度显著降低，在0℃几乎不生长。一般而言，霉菌毒素的最适生长温度要低于霉菌类微生物最适生长温度。研究发现：温度直接决定了黄曲霉毒素的产生，其最适温度范围为25~30℃，随温度逐渐升高，黄曲霉毒素含量下降，当温度达到最高黄曲霉菌生长温度37℃时，完全没有了黄曲霉毒素。BASAPPA（1996）通过科学试验表明，水分活度和温度都会对黄曲霉菌的生长繁殖和产毒发生影响，当温度为 20℃ 和 37℃ 时，黄曲霉毒素含量非常少；当水分活度范围为 0.90~0.99 时，随着水分活度的提高，黄曲霉生长旺盛，产毒量高，综合分析得出黄曲霉毒素最佳产毒条件为 28℃ 的温度和 0.96 的水分活度。

1.5.2.3 营养基质

霉菌可通过分泌多种复合酶的形式来分解利用饲料中的营养物质，从而为其快速生长和繁殖提供新陈代谢的营养物质。因此，当饲料受到霉菌污染时，饲料中的粗蛋白质、淀粉和氨基酸等营养物质含量都会出现不同程度的降低。贾涛（2017）研究发现，霉菌分解消耗饲料中营养物质时产生的大量热量会致使饲料中的纤维素、蛋白质、脂肪和碳水化合物发生变性。能量是霉菌生长繁殖的前提保障，霉菌生长繁殖的速度一般取决于饲料中能量能够被霉菌利用的程度。饲料中霉菌类微生在进行生长繁殖的时候，会分泌脂肪酶，脂肪酶会分解饲料中的脂肪，从而产生甘油和游离脂肪酸等物质，这类物质当在湿度和温度较高时，会发生腐败现象。另外，当饲料发霉变质，霉菌类微生物会分解淀粉等碳水化合物，使得饲料中淀粉的含量也发生下降的趋势。

1.6 干草捆贮藏期间产生的毒素

霉菌毒素是霉菌类微生物新陈代谢所产生的一种有毒有害代谢产物，其可通过食物链进入人和动物体内，引起急性或慢性中毒，损害肝、肾、神经组织细胞、造血组织细胞和皮肤等。

污染饲草的主要霉菌毒素有六大类，分别为：烟曲霉毒素、呕吐毒素、黄曲霉毒素、玉米赤霉烯酮、T-2 毒素、赭曲霉毒素。陈代文（2015）通过对我国饲料原料和全价饲料中存在的 6 种主要霉菌毒素进行检测，得出：黄曲霉毒素含量超标率和检出水平比较低，但呕吐毒素、玉米赤霉烯酮和烟曲霉毒素的检出率非常高。饲料的腐败现象不是由一种毒素导致，而是多种霉菌毒素的共同作用导致。张丞等（2007）年对玉米饲料中的霉菌毒素进行了检测，结果表明，霉变饲料中黄曲霉毒素含量很低，玉米赤霉烯酮、伏马毒素和脱氧雪腐镰刀菌烯醇含量很高，而 T-2 毒素和赭曲霉毒素 A 完全不存在于霉变饲料中。

1.6.1　毒素产毒特点

毒素产毒具有以下特点。

①产毒菌株中只有一部分菌株可以产毒。

②霉菌毒素非常容易变性，能够产毒的菌株也可以通过实验室组培，导致其散失产毒能力；不能够产毒的菌株在一定的培养条件下，可以表现出产毒能力。

③产毒菌株和产生的霉菌毒素都具有不专一性，即同一种菌株可以产生不同种类的毒素，而同一种类的毒素又可以由不同种类的菌株滋生。

饲料中常见的霉菌毒素有：赭曲霉毒素、黄绿青霉素、黄曲霉毒素、杂色曲霉毒素、展青霉素、烟曲霉毒素、T-2 毒素、呕吐毒素、黄天精、橘青霉素、单端孢霉烯族化合物、玉米赤霉烯酮、丁烯酸内酯、串珠镰刀菌毒素。

1.6.2　黄曲霉毒素

黄曲霉毒素是一种主要由黄曲霉菌和寄生曲霉产生的真菌毒素。黄曲霉菌和寄生曲霉存在广泛，多见于土壤、饲料和谷物中。当温度范围为 12~48℃ 时，适宜黄曲霉菌生长；当温度范围为 28~37℃ 时，为黄曲霉菌最适宜的生长温度。黄曲霉菌繁殖速度非常快，当饲料周围环境高温、潮湿时可产生大量的黄曲霉毒素。

黄曲霉毒素结构中通常包括 1 个糖酸呋喃和 1 个氧杂萘邻酮（香豆素），其中糖酸呋喃为其毒性结构，氧杂萘邻酮可能与其致癌性有关。饲料中黄曲霉毒素的主要存在形式有四种，分别为：B1、B2、G1 和 G2。当哺乳动物吸收黄曲霉毒素 B1 和 B2 后，会产生黄曲霉毒素 M1 和 M2 两种次级代谢产物。这两种代谢产物通过食物链最终会出现在家畜肉、蛋和奶组织当中，严重危害家畜健康。

黄曲霉毒素的毒性非常强，为氰化钾的 10 倍，砒霜的 68 倍。其中黄曲霉毒素 B1 毒性最强，黄曲霉毒素 M1 和 G1 次之，黄曲霉毒素 B2、G2 和 M2 毒性最弱。据相关研究表明，当饲料中黄曲霉毒素 B1 含量分别达到 0.3mg/kg 和 6mg/kg 时，就会对雏鸭和小鸡产生半数致死。

黄曲霉毒素中毒症状主要表现为：呕吐、恶心、肝脏疼痛和胃肠出血。马来西亚在 1988 年发生了一起 13 名儿童因食物中毒死亡的案例，经法医调查检验发现，儿童体内高浓度的黄曲霉毒素是致死原因。肯尼亚也发生过相同惨案，2004 年 125 人因为肝脏衰竭死亡。科研学者通过对当地的玉米进行霉菌毒素检测，发现黄曲霉毒素含量竟高达 4 400 μg/kg，是当地食品标准限值的 220 倍。

黄曲霉毒素的毒性机理非常复杂，目前仅仅对黄曲霉毒素 B1 的代谢途径比较清晰。当黄曲霉毒素 B1 通过食物链进入体内后，可跟随血液侵入肝脏组织，在细胞色素 P450 的刺激下，转变为 8，9-环氧黄曲霉毒素 B1，随后 8，9-环氧黄曲霉毒素 B1 又与细胞内蛋白质等生物大分子结合，干扰组织器官和糖类物质代谢、抑制免疫、降低活性，导致体内糖类物质和碳水化合物合成受阻，最终丧失细胞活性，从而造成中毒现象。当黄曲霉毒素 B1 范围为 0.5~1pg/mL 时，会严重抑制单核吞噬细胞的活性。研究表明，火鸡体内黄霉毒素 B1 的半衰期为 1.4d，大鼠血液中的半衰期为 90h。依桂华（2012）研究发现，尿液检测出有黄曲霉毒素 B1 的人肝癌发病率是没有检测出黄曲霉毒素 B1 的 3.3 倍。还有研究发现，短期内摄入大量或者长期摄入低剂量的黄曲霉毒素会诱发狗、猴和家禽的原发性肝癌。牲畜和家禽如长时间食用含有黄曲霉毒素的饲料，容易皮下脂肪黄染导致肝脏病变，产生"黄膘猪"等生理病变现象。当体内黄曲霉毒素含量严重超标时，则会引起消化系统功能紊乱，减少产奶产蛋量，大大降低动物生育能力。1993 年，世界卫生组织国际癌症研究机构将黄曲霉毒素 B1 列为一类致癌物，2002 年将黄曲霉毒素 M1 列为一类致癌物。

目前，世界上许多国家都对饲料和粮食作物中的黄曲霉毒素的含量进行了严格规定。来源不同，饲料和食品中黄曲霉毒素的种类和含量也有所不同。欧盟规定饲料和粮食作物中黄曲霉毒素 B1 的含量限定为 0.1~8μg/kg，黄曲霉毒素 M1 的含量限定为 0.025~0.05μg/kg；美国规定饲料中黄曲霉毒素 B1 的含量限量为 20μg/kg，粮食作物中黄曲霉毒素 B1 的含量为 0.5μg/kg。

1.6.3 赭曲霉毒素

赭曲霉毒素是一种由青霉菌属和曲霉菌属等好几种真菌共同作用产生的次

级代谢产物，其主要分为 3 种存在形式，即赭曲霉毒素 A、赭曲霉毒素 B 和赭曲霉毒素 C。相关研究表明，赭曲霉毒素普遍存在于饲料及其原料中，具有非常强烈的肾、肝毒性，被家畜采食后会积累在家畜体内，可通过食物链对人畜的身体健康造成严重危害。赭曲霉毒素化学机构非常稳定，不易被体内代谢酶分解，因此在动物肝脏、奶、血液和肌肉等组织中常被检测出。当动物体内积累了超标量的赭曲霉毒素，可导致动物肝脏中毒，甚至癌变。研究表明，当赭曲霉毒素含量为 133~136μg/kg 时，可使大白鼠半数致死。于新友等（2017）研究报道表明，赭曲霉毒素还可以致使人体患上肠炎。

1.6.4　玉米赤霉烯酮

玉米赤霉烯酮是一种分布最广泛的镰刀霉菌毒素，经常存在于食品、粮食和饲料当中。玉米赤霉烯酮是一种由禾谷镰刀菌、三线镰刀菌和串珠镰刀菌等菌种共同作用产生的 2，4-二羟基苯甲酸内酯类化合物，具有非常强烈的雌激素作用，化学名称为 6（10-羟基-6-氧基碳烯基）-ß-雷锁酸-μ-内酯。

国内外学者一直致力于研究玉米赤霉烯酮毒素对饲料和粮食作物的危害。1962 年，Stob 首次在被污染的玉米中分离提取出了玉米赤霉烯酮。裴世春等（2018）研究表明，玉米赤霉烯酮是一种相对分子质量为 318 的白色晶体，熔点高达 164~165℃，耐热性极强，120℃下持续加热 4h 未见其分解，不溶于水、四氯化碳和二硫化碳，能够溶于氯仿。王怡净等（2002）试验得出，玉米赤霉烯酮具有较强的基因毒性、发育毒性和免疫毒性，对机体肿瘤的形成具有促进作用。

玉米赤霉烯酮对动物危害极其严重，能够致使家畜繁殖功能紊乱甚至死亡，对畜牧业发展产生具有重要影响。小麦、大豆、饲草等农作物在收获、运输和贮藏期间如果外界或者作物内部温度和湿度适宜，都会滋生玉米赤霉烯酮。钱利纯等（2005）试验得出，玉米赤霉烯酮的最适宜生长温度为 20~30℃，最适宜相对湿度为 40%。李季伦等（1980）年研究发现，玉米赤霉烯酮广泛存在于大豆、饲草和小麦等作物及饲料中，并且可在体内转变为多种衍生物。食用含有玉米赤霉烯酮的各种面食和饲料时，可引起人体和家畜的中枢神经系统中毒，临床症状表现为：头痛、恶心、发热、神志不清和内分泌失调。

当采食被玉米赤霉烯酮污染的粮食和饲料后，会出现慢性和急性中毒的临床症状。其中，慢性中毒会导致母畜生殖器肿大、死胎和延期流产的现象。研究表明，当饲料中玉米赤霉烯酮含量超过标准含量时，会致使50%的母猪发生卵巢囊肿、乳房肿大、假发情和频发情的中毒现象，如果不及时停止食用，将导致母猪诱发乳房炎，受胎率下降。急性中毒会导致家畜精神萎靡、食欲不振、全身肌肉振颤。当一次性采食过量污染饲料时，会导致家畜突然死亡。

目前，关于对玉米赤霉烯酮的生物合成途径报道比较少见。张瑞芳等（2009）年通过基因提取试验得出，玉米赤霉烯酮毒素合成的必要基因是PKS_4。2006年，对我国种子库中小麦种子进行了健康体征调查，发现小麦种质资源中约有5%携带玉米赤霉烯酮。玉米赤霉烯酮对玉米、小麦和饲料的危害极其严重。其存在时间长、产毒能力强，一般需要180d才能排出。因此，做好玉米及饲料的防毒措施是非常重要的。在畜牧业和食品业生产的过程中，可以通过以下方面尽量制止玉米赤霉烯酮的产生。第一，注意饲料存储时的环境条件。当遭遇高温多雨的天气时，要做好通风干燥的工作，防止霉菌污染。第二，一经发现有饲料发生霉变腐败现象，坚决不予使用。

1.6.5 呕吐毒素

呕吐毒素属单端孢霉烯族化合物，化学名为3α，7α，15-三羟基草镰孢菌-9-烯-8-酮。呕吐毒素是一种由禾谷镰刀菌产生的有害毒素，其主体结构DON为无色晶体，相对分子质量为296.3，溶于极性溶剂和水，不溶于酸性溶剂，具有喜湿特性，玉米、饲料和小麦中可经常检测出它的存在。研究报道指出，头孢菌属、木霉属等菌株在适宜的条件下也可以产生呕吐毒素。当采食被呕吐毒素污染的食品或者饲料时，临床症状主要表现为呕吐、采食量下降、肠胃炎和免疫机能受制。

1970年，日本学者首次在被污染的大麦中检测出了呕吐毒素。1972年，Morooka成功分离出了呕吐毒素，并阐明了其化学组成结构。Ouanes等（2003）通过微生物分离提取试验，也在被污染的玉米和饲料中检测出了呕吐毒素。呕吐毒素存在广泛，尤其是食品和饲料中，具有很强的细胞毒素和免疫抑制机能，可对动物和人类的生命健康能够构成严重威胁。呕吐毒素的剂量和暴露时间的长短会引起动物和人体不同程度的免疫刺激和抑制。Mumpton 等（1977）研究表明，当采食被呕吐毒素污染的食物后，会发生呕吐、发烧、腹泻、反应迟钝等中毒症状，当摄入量严重超标时，会致使造血系统死亡。鉴于呕吐毒素毒性强烈，危害巨大，国际癌症研究机构将呕吐毒素列为 3 类致癌物。

呕吐毒素常存在于存在小麦、玉米和牧草中。研究表明，呕吐毒素对猪影响最大、家禽次之、反刍动物最小。李天芝（2017）试验得出，饲喂含有 12~14g/t 呕吐毒素的饲料 10~20min，育肥猪就会出现呕吐、磨牙和焦虑的症状；将呕吐毒素含量升高为 19g/t 时，育肥猪会完全拒绝采食。庄巧云等（2017）研究发现 DON 与人类食管癌和肾病有关。曹宇（2017）研究表明，呕吐毒素代谢速度非常快，在人体内的半衰期为 2~4h，其主要被胃肠吸收、经血液进入肝脏由肾随尿液排出，对机体内的各个器官都可产生危害。鉴于 DON 对食品和饲料的巨大危害，精确检测食品和饲料中 DON 的含量对畜牧业发展和人类身体健康都具有深远意义。

1.6.6 T-2 毒素

T-2 毒素属于单端孢霉稀族毒素，是由镰孢霉菌产生的一种有毒代谢产物。研究表明，当动物采食被 T-2 毒素污染的饲料或后，会表现出拒食、呕吐、运动能力迟缓、败血和心脏麻痹衰竭等症状，经食物链被人体吸收后，会导致人体中毒。Engelhardt（1986）研究表明，T-2 毒素毒性远大于 DON 毒素，但是在影响动物体重方面二者是等同效果的。Pestka 等（2007）研究得出，当 T-2 毒素浓度为 0.9~9mg/kg 时，就会引起细胞凋亡，致使组织器官坏死。

目前，国内外对单端孢霉烯族毒素的毒性机制进行了深入研究。单端孢霉烯族毒素通过绑定核糖体，激活激素反应机制中的 MAPK 信号通路，从而达到控制免疫细胞和生殖细胞的生物活性。尹杰（2012）研究得出：大多数的毒素产毒机制都是由于 ROS 诱导所致。细胞内 ROS 的累积会使细胞内 DNA 受损、脂质氧化和蛋白质氧化，从而导致细胞抗氧化能力降低。研究证明，单端孢霉烯族毒素产毒过程中，会通过氧化应激反应产生大量自由基，其中就包括 ROS，通过 ROS 的诱导，致使细胞脱脂氧化，破坏细胞壁和细胞膜的稳定性，抑制氧化还原反应发生，改变细胞抗氧化状态。Kyriakis（2002）得出，采食含有单端孢霉烯族毒素的大鼠能够诱导大鼠体内自由基介导的脂质过氧化。王洪娟（2017）通过动物细胞试验得出，采食 T-2 毒素的鸡体内过氧化典型的生物标志肝丙二醛（MDA）的浓度显著上升。T-2 毒素对动物和人都具有强烈的制毒特性。郑德琪等（1991）报道，当饮用水中 T-2 毒素浓度为 0.05 ~ 0.1mg/kg 时，可升高小白鼠患乳腺癌、肺腺癌和细胞癌的概率。杨建伯（1995）提出，T-2 毒素还可致使人体发生大骨节病。T-2 毒素对人体的危害不仅仅体现在大骨节病上，它还可以通过呼吸道、肠胃道等途径造成身体器官和组织多处损伤。当人体发生 T-2 毒素中毒时，体内白细胞数量大幅度减少，中性粒细胞降低，诱发导致败血症、骨髓造血功能衰竭，严重时，可致人死亡。

1.6.7 烟曲霉毒素

烟曲霉毒素是一种主要由镰刀菌产生的霉菌毒素。其纯品为白色针状晶体，耐热，抗氧化。玉米、小麦和饲草饲料中可经常检测出的存在。黄凯通过对配合饲料和单一饲料中烟曲霉毒素检测试验得出，烟曲霉毒素检出率高达100%。Swanmy（2005）通过对 75 个国家、8 271 个样本进行毒素检测的结果表明，6 947 份样品中检测出了不同含量的烟曲霉毒素。

烟曲霉毒素可通过降低 T、B 淋巴细胞活性，抑制免疫球蛋白的产生，降低补体蛋白活性，使吞噬细胞的细胞膜和细胞核发生形态改变，导致细胞活性下降，进而影响细胞的免疫功能。H. V. L. N Swamy（2009）和 Kyriakis（2002）研究表明，烟曲霉毒素可造成特异性抗体发生应答反应，当饲料中连续添加 8 mg/kg 剂量的烟曲霉毒素 28d 后，试验猪体内典型抗原的特异性抗体应答显著减少。

目前，生产企业对饲料中烟曲霉毒素的检测日益重视。奥特奇公司于2012—2015 年连续 4 年对 80 个国家、10 000 份样品进行毒素检测试验，发现70%的样本都含有烟曲霉毒素。根据建明工业 2015 年毒素检测报告可知，烟曲霉毒素的超标率为 23.6%。因此，饲料加工企业一定要高度重视烟曲霉毒素的危害，以避免、减少其带来的经济损失。

1.7　霉菌毒素的检测方法

霉菌毒素一直是制约畜牧业和粮食产业发展的瓶颈问题，其检测方式对保证饲料质量、粮食安全具有重大意义。目前，世界上对霉菌毒素的检测方式主要有4种，分为化学分析法、生物鉴定法、免疫分析法和仪器分析法。

化学分析法是最早应用于霉菌毒素检测工作中的一种方法，其实用且成本较低、无需大规模的检测设备，适用于大样本数量的筛选和分析测定。薄层分析法是化学分析法中最常用的一种技术手段，曾作为我国国标用来检测饲料中的霉菌毒素。近年来随着科技的进步，薄层仪和高效薄层色谱法技术在霉菌毒素的检测工作当中得到了更大的推广应用。但是采用化学分析方法进行霉菌毒素检测工作时，需要直接接触标准样品、危害性高且精度较低。

生物鉴定法是通过判断霉菌毒素对生物体产生的毒害，从而验证中毒部位和制毒机理。因其对测试样本的纯度要求不高，通常只是作为化学分析方法的佐证方法。

免疫分析法是以特异性抗体为分析试剂，通过检测抗原与抗体之间的特异性反应，从而达到检测霉菌毒素的一种技术手段。放射免疫技术灵敏度高、特异性好，是最早应用的一种技术手段，但采用这种技术时，放射性物质很容易对试验人员造成身体危害，因此不常被科研人员使用。

仪器分析法是指借助检测设备、经过分离、提纯、净化等前处理，从而对靶物质进行定量定性分析检测。在真菌毒素检测中，常用的仪器法包括高效液相色谱法（High Performance Liquid Chromaography，HPLC）、超高效液相色谱（Ultra HPLC，UHPLC）、液相色谱和质谱联用法（HPLC‐tandem mass Spectrometry，HPLC‐MS/MS）和气相色谱与质谱联用法（GC‐tandem mass Spectrometry，GC‐MS/MS）等。

1.7.1　高效液相色谱法

高效液相色谱法可以精准实现毒素的定性和定量分析，因此是国际上最权威和应用范围最广的检测方法。在采用高效液相色谱法进行试验分析时要综合考虑到霉菌毒素的种类不同和分析条件的差异。Bennett 等（1996）研究表明，在进行饲料和农产品霉菌毒素检测时，在液相中添加有机酸可提高黄曲霉毒素的荧光特性。

高效液相色谱法具有灵敏度高、特异性强和定性定量分析准确的优势。近些年来，科研学者在原本技术基础上，通过离子交换等技术手段进一步改善了技术，从而出现了多功能净化柱、免疫亲和柱和固相萃取柱等技术。高尧华等（2018）通过试验得出，采用固相萃取柱法对花生中赭曲霉毒素进行定量分析时，其平均回收率高达 95.5%、平均 RSD 为 5.30%。Henry 等（1999）采用固相萃取柱法对橄榄油中的 AFT 进行检测时，其检测灵敏度可高达 40pg/mL。

1.7.2 气相色谱法

气相色谱法的技术原理为采用气体作为流动相，利用固定填充物柱相和检测样品中不同分子特性之间的相互作用，彼此分离，按顺序离开色谱柱进入检测器，将各组分逐个鉴定出来，实现多组分同时分析。Gonzalez 于 1952 年首次建立了以一种气体为流动相柱的色谱分离技术，将其命名为气相色谱法。气相色谱法主要包括气-液和气-固色谱两种，因其具有准确检测饲料分子中不含或者荧光微弱的基团特性，常用来定性分析单端孢霉组化合物。

气相色谱法具有选择性好、灵敏度高、分析快和应用范围广等优点，是饲料和粮食中检测霉菌毒素的主要技术手段。俞宪和通过气相色谱检测技术，成功建立了 16 种有机磷农药残留的检测方法。气相色谱法的优点有很多，大致归为三大类；第一，应用范围广。第二，样品检测灵敏度高。第三，分析效率高，分析速度快。

1.7.3 气相色谱-质谱联用法

气相色谱-质谱联用技术是将质谱法和气相色谱法两种分析检测技术手段有效结合所组成的。质谱法要求被检测的样本必须是纯化合物，其检测灵敏度极高、而且还具有识别未知分子化合物的特殊能力。气相色谱法具有较强的分离能力，但是对样本的定性能力不是很强。因此，将两种技术手段取长补短、高效结合能够准确的定量定性分析饲料和农产品中的毒素种类和含量。气相色谱-质谱联用方法具有很强的定性功能和极高的准确率，目前被国内外霉菌毒素分析专家广泛采用。胡贝贞使用气相质谱-质谱联用技术，成功检测出了茶叶样品中的 33 种农药残留。

1.7.4 液相色谱-串联质谱联用法

液相色谱-质谱联用技术是将质谱法和液相色谱法两种分析检测技术手段有效结合所组成的。这种技术有效结合了质谱仪的组分鉴别能力和液相色谱对热不稳定化合物的有效分离能力。液相色谱-串联质谱联用技术手段是畜牧业和饲料产业的重要检测手段，其能够很好地分离鉴定并检测出污染饲料中含有的霉菌毒素，为生产企业提供了便利的条件。李蓉等（2015）通过液相色谱-质谱联用技术成功测定出了茶叶中含有的 25 种农药残留物质。冯月超等（2014）通过固相萃取和质谱联用技术，测定出了富集环境水样中 3 种有害毒素。Bullerman 等（1999）通过高效液相色谱-质谱联用技术成功检测出了蛋糕中赭曲霉毒素、黄曲霉毒素和 T-2 毒素等 12 种有害毒素，其检出限为 0.02~17.5 μg/kg，平均回收率为 81%~112%，非常适合科研学者对日常饲料、食品的检测工作。李燕（2017）通过此技术，成功测定出了谷物中 12 中霉菌毒素，其检出限为 0.016~1.000 μg/kg，平均回收率为 60.0%~122.4%。该方法能够及时准确地为生产企业提供技术保障，具有很大的市场应用前景。

霉菌毒素对饲料和粮食安全带来的危害越来越被企业重视，采用正确的霉菌毒素检测技术可以及时准确地测定出霉菌毒素的含量，对畜牧业发展和环境保护具有重大意义。因此，饲料中霉菌毒素检测方法的智能化、规范化和系统化将是该领域发展的重要方向。

1.8 研究的目的和意义

随着我国牧草产业的发展，优质干草已成为畜牧业安全生产中不可或缺的重要资源。但由于生态环境不断恶化和对草地的不合理利用，饲草供给存在年度、季节性严重的不平衡，草畜矛盾已成为制约畜牧业发展的瓶颈。如何保证饲草料安全贮藏、充足均衡供应和解决草畜矛盾成为了当前制约我国草地畜牧业安全、稳定、有序、可持续发展的关键问题。

苜蓿适时收获、加工和安全贮藏是获取优质高产牧草的关键技术。目前，国内关于苜蓿干草收获、加工调制和安全贮藏技术和利用方法等方面存在不足，严重制约着我国牧草产业的发展。因此，开展苜蓿干草收获、加工调制和安全贮藏等方面的研究工作就十分必要。在稳产的基础上不断提高苜蓿干草营养品质，延长干草捆贮藏时间，不仅对缓解当前的草畜矛盾意义重大，而且对草地畜牧业的长远发展大有好处。

本书以"金皇后"紫花苜蓿（*Medicago sativa* L. cv. Golden Empress）为试验原料，通过对苜蓿干草最适收获时期、刈割茬次和最适留茬高度的研究，苜蓿干草捆最适加工条件筛选试验，贮藏条件对干草捆营养价值及因霉变产生的霉菌毒素影响的研究，确定苜蓿最适收获时期、最适留茬高度和最适刈割茬次，筛选苜蓿干草捆最适加工方式，探索贮藏条件对干草捆营养价值及因霉变产生的霉菌毒素的影响，不断优化技术方案，通过技术筛选和改进、新技术研发、技术集成和配套技术模式构建等途径，开展苜蓿干草贮藏技术体系研究，全面提升我国饲草储备整体技术水平，实现牧区资源优势转化为经济优势，以解决我国草畜矛盾凸显和草捆收获、加工和贮藏等关键环节存在的问题，达到提高我国苜蓿干草捆产量和品质的目的，旨在为我国优质苜蓿干草收获、加工和安全贮藏提供可借鉴的理论依据和技术支持，进而指导实践。

1.9　研究内容和技术路线

1.9.1　研究内容

1.9.1.1　苜蓿适时收获技术研究

本试验通过研究苜蓿不同刈割期、不同刈割茬次和不同留茬高度对产草量及营养品质变化规律的影响，确定苜蓿最适收获时期、刈割茬次和留茬高度，为获取高质优产苜蓿和指导企业生产实践提供理论依据。

1.9.1.2　加工方式对苜蓿干草捆贮藏后营养品质变化影响的研究

本试验在试验 1.9.1.1 的研究基础上进行，选择影响干草捆质量的关键二因素（打捆密度、打捆含水量），采用双因素试验设计，对不同处理的干草捆进行常规营养成分、矿物质元素和氨基酸含量的对比分析，得出不同加工方式下苜蓿干草捆贮藏后常规营养品质、矿物质元素和氨基酸含量，研究不同加工方式下苜蓿干草捆在贮藏后各营养成分变化规律。

1.9.1.3 加工方式对苜蓿干草捆贮藏后霉菌毒素含量变化影响的研究

本试验通过研究不同加工方式（打捆密度、打捆含水量）对苜蓿干草捆贮藏后霉菌毒素变化情况的影响，采用双因素试验设计，对不同处理的干草捆进行霉菌毒素含量对比分析，得出不同加工方式下苜蓿干草捆贮藏后霉菌毒素含量，研究不同加工方式下苜蓿干草捆贮藏后霉菌毒素变化规律。

1.9.1.4 贮藏条件对苜蓿干草捆贮藏期内营养品质变化影响的研究

本试验在试验1.9.1.2的研究基础上进行，选择最优加工方式的苜蓿干草捆进行贮藏试验，将干草捆中常规营养成分、矿物质元素和氨基酸与贮藏环境（温度和相对湿度）进行模拟寻优分析，确定温度和相对湿度与常规营养成分、矿物质元素和氨基酸含量的回归方程。分析常规营养品质、矿物质元素和氨基酸含量在不同贮藏时间内的变化情况，研究不同贮藏时间对苜蓿干草捆内常规营养品质、矿物质元素和氨基酸含量影响的变化规律。

1.9.1.5 贮藏条件对苜蓿干草捆贮藏期内霉菌毒素情况的影响研究

本试验通过研究贮藏条件对苜蓿干草捆贮藏期内霉菌毒素含量变化情况的影响，将干草捆中霉菌毒素含量与贮藏环境（温度和相对湿度）进行模拟寻优分析，确定温度和相对湿度与霉菌毒素含量的回归方程。分析霉菌毒素含量在不同贮藏时间内的变化情况，研究不同贮藏时间对苜蓿干草捆内霉菌毒素含量影响的变化规律。

1.9.2　技术路线

技术路线见图 1.7。

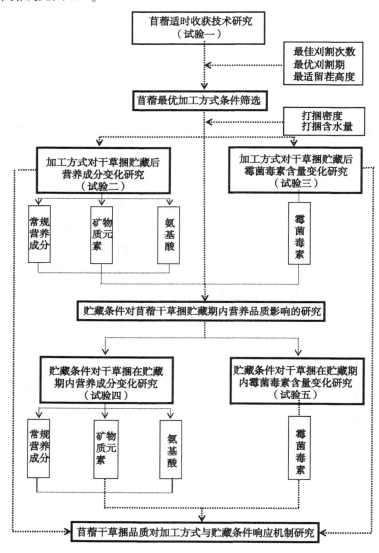

图 1.7　技术路线

Fig. 1.7　Technology roadamp

2 材料与方法

2.1 试验地点及其概况

试验地点选择在内蒙古赤峰市阿鲁科尔沁旗绍根镇首农辛普劳草业基地（图2.1），地处内蒙古自治区中部，赤峰市东北部，位于北纬43.37°，东经120.22°，海拔最高1 540 m，土壤以栗钙土为主占36%，其次风沙土占27 %、黑钙土占12%，其他不足5%。该地区属中温带干旱大陆性季风气候，基本特征是：干旱少雨，蒸发强烈，日照时间长，太阳辐射强，昼夜温差大，无霜期短。年平均气温为5.5℃，年日照时数为2 760~3 030h，年平均积温为2 900~3 400℃，年均降雨量为300~400mm，无霜期为95~140d。

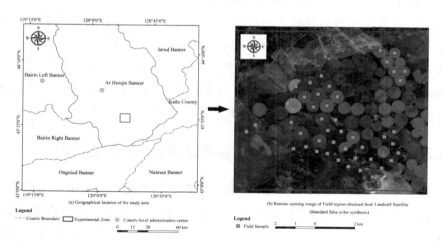

图2.1 试验地点

Fig. 2.1 Experimental location

2.2 试验材料

试验以"金皇后"紫花苜蓿（*Medicago sativa* L. cv. Golden Empress）为试验原料。

2.3 试验设计

2.3.1 苜蓿适时收获技术研究

试验研究 1：苜蓿适宜刈割期、刈割茬次的确定。

2015 年在试验基地开展大田试验。每个小区面积为 100m² （10m×10m）。采用人工刈割方式，在苜蓿 5 个生育期（分枝期、现蕾期、初花期、盛花期、结荚期），留茬高度 5～6cm 时进行刈割取样。试验地区最后一次刈割时间不晚于 9 月底。田间刈割后，测定苜蓿试验样品营养指标和生产性能指标。

试验研究 2：苜蓿适宜刈割留茬高度的确定。

2015 年在试验基地开展大田试验，在基地中随机选取代表性小区试验样方，每个小区面积 100m² （10m×10m），选择当茬草、再生草和全部茬次的苜蓿为研究材料，在初花期进行人工刈割，刈割留茬高度设 4 个梯度，分别为：3～4cm、5～6cm、7～8cm、9～10cm，每个试验处理设置 3 个重复。田间刈割后，测定苜蓿营养指标和生产性能指标。

2.3.2 加工方式对干草捆贮藏后营养品质变化影响的研究

2016 年，按照研究 2.3.1 所得苜蓿最优收获技术指标，采用人工刈割方式对试验田内第一茬次初花期"金皇后"紫花苜蓿进行刈割，刈割留茬高度 5～6cm。刈割后放置于苜蓿地进行自然干燥。用水分测定仪随时监测苜蓿干草含水量，分别在含水量为 13%、15%、17%、19% 时，采用打捆机（型号为 MARKANT55），通过调节打捆机参数使打捆密度分别为 60kg/m³、100kg/m³、140kg/m³、180kg/m³ 时进行打捆，草捆规格为 60cm×45cm×35cm，每个处理设置 3 次重复。打捆作业结束后，将苜蓿干草捆置于储备库内贮藏。

本试验采用双因素试验设计，贮藏 360d 后用牧草取样器在不同处理的草捆中随机取样，每个重复中随机取样 200g 制成初始标样，经 65℃烘干至恒重，粉碎后进行营养成分测定工作，具体试验设计详细见表 2.1。

表 2.1　不同加工方式下干草捆贮藏试验设计方案

Tab. 2.1　**Design scheme of hay bale storage under different processing methods**

试验号	因素	
	打捆含水量（%）	打捆密度（kg/m³）
C1	13	60
C2	13	100
C3	13	140
C4	13	180
C5	15	60
C6	15	100
C7	15	140
C8	15	180
C9	17	60
C10	17	100
C11	17	140
C12	17	180
C13	19	60
C14	19	100
C15	19	140
C16	19	180

注：C 代表个处理样本。

2.3.3　加工方式对干草捆贮藏后霉菌毒素含量影响的研究

不同处理的干草捆贮藏 360d 时，用取样器在各处理干草捆中不同部位进行取样，取样时戴无菌手套，3 次重复，每个重复里随机取 100g 放在密闭的自封袋里，到无菌实验室后取出大约 35g 牧草剪碎，称取剪碎的牧草 10g 进行霉菌毒素测定工作。

2.3.4 贮藏条件对苜蓿干草捆贮藏期内营养品质变化影响的研究

2017 年在标准储备库内开展贮藏试验，按照研究 2.3.1 和 2.3.2 所得最适收获条件和最优加工方式，使用压扁割草机（纽荷兰 488 型）对试验田内第一茬次初花期"金皇后"紫花苜蓿进行刈割，留茬高度为 5~6cm。利用打捆机（型号为 MARKANT55）进行打捆作业，打捆结束后，将干草捆置于储备库内贮藏 360d，干草捆数量为 100 个。同时使用 DJL-18 温湿度记录仪监测储备库内贮藏环境（温度和相对湿度）。取样时间间隔设为 7 次，分别为 0d、10d、30d、60d、90d、180d、360d。在干草捆贮藏不同时间时，用取样器在干草捆中随机取样，制成 200g 的初始标样，经 65℃烘干至恒重，粉碎后进行营养物质测定。不同贮藏时间内环境参数如表 2.2 所示。

表 2.2　不同贮藏时间内环境参数

Tab. 2.2　Environment Parameters in different storage time

处理	平均温度	平均相对湿度
0d	24℃	50%
0~10d	21.3℃	75%
10~30d	17.6℃	90%
30~60d	10.6℃	45%
60~90d	-2.6℃	53%
90~180d	-8.7℃	27%
180~360d	19℃	57%

2.3.5 贮藏条件对苜蓿干草捆贮藏期内霉菌毒素变化影响的研究

在贮藏时间分别为 0d、10d、30d、60d、90d、180d、360d 时，用无菌手套在每个干草捆内随机取样 100g 放在密闭的自封袋里，到无菌实验室后取出大约 35g 牧草剪碎，称取剪碎的牧草 10g 进行霉菌毒素测定工作。

2.3.6 试验测定指标、方法

2.3.6.1 常规营养指标

（1）粗蛋白质。利用 FOSS Kjeltec 8400 全自动凯氏定氮仪进行测定。

（2）中性洗涤纤维、酸性洗涤纤维。利用范式纤维洗涤分析法进行测定。

（3）灰分。采用 GB 6439—1992 燃烧法测定。

（4）可溶性碳水化合物。测定参照《植物生理学实验指导》。

（5）干物质。将试验样本烘干至恒重，测量其干重，从而计算干物质含量。

2.3.6.2 矿物质元素指标

（1）钙。采用乙二胺四乙酸钠（EDTA）络合滴定法测定。

（2）磷。采用钼黄比色法测定。

（3）镁。采用原子吸收光谱法测定。

（4）钾。采用盐酸浸提法测定。

2.3.6.3 氨基酸指标

赖氨酸、蛋氨酸：采用日立 835-50 型氨基酸分析仪测定。

2.3.6.4 生产指标

（1）茎叶比。参照农业行业标准 NY/T 1574—2007。

（2）株高。在刈割前，分别在各处理的大田小区样方内随机性选取 100 株苜蓿，从苜蓿主茎秆基部测量植物高度，取其平均值则为植物株高。

（3）草产量。待试验区内苜蓿刈割后，称量其草重量。

（4）鲜干比。鲜干比采用下面公式进行计算。

鲜干比 = 鲜样重/烘干重

2.3.6.5 计算指标

相对饲用价值（RFV）是由已测的 NDF 和 ADF 计算得出的。RFV 的计算见公式如下：

DMI（%BW）= 120/NDF（%DM）

DDM（%DM）= 88.9-0.779×ADF（%DM）

RFV=DMI×DDM/1.29

2.3.6.6 霉菌毒素指标

采用液相色谱-串联质谱仪进行霉菌毒素测定，测定方法如下：

（1）试样提取与净化。取 5g 样品置于 50mL 离心管中，用 10mL 含甲酸 2%的水混合后加盖浸泡 30min，后加入乙腈 10mL 悬浮液继续震荡（240r/min）浸泡 30min，之后加入 1g NaCl 和 4g MgSO$_4$，涡旋 30s（避免 MgSO$_4$絮凝）后离心（10 000r/min，5min），取乙腈提取液 2mL，加入含有 0.1g C$_{18}$硅胶吸附剂和 0.3g MgSO$_4$ 的 PP 管中，混合后离心（10 000 r/min，1min），吸取上清 1.5mL 收集上机测试。

（2）液相色谱条件。

色谱柱：Agilent ZORBAX Eclipse Plus C$_{18}$柱（50mm×2.1mm，1.8μm）。柱温：33℃。进样量：10μL。流动相、流速及梯度洗脱条件如下。

液相条件：流动相 A，5M 乙酸铵+0.1%甲酸+水；流动相 B，0.1%甲酸+乙腈；流速为 300μL/min。

表 2.3 流动相 A、B 梯度洗脱时间

Tab. 2.3 Mobile phase A, B gradient elution time

梯度洗脱时间（min）	流动相 A	流动相 B
0	90	10
1	80	20
5	50	50
7	40	60
9	5	95
11	5	95
11.1	90	10
16	90	10

（3）液相质谱条件。离子源：电喷雾离子源。扫描方式：正离子扫描模式。检测方式：多反应监测。脱溶剂气体、锥孔气均为高纯氮气、碰撞气为高

纯氩气，使用前应调节各气体流量以使质谱灵敏度达到要求。毛细管电压、锥孔电压、碰撞能量等电压值应优化至最佳灵敏度。定性离子对、定量离子对、保留时间及对应的锥孔电压和碰撞能量参考如表 2.4 所示。

表 2.4 定性离子对、定量离子对、保留时间、锥孔电压和碰撞能量参考值

Tab. 2.4 Reference values of qualitative and quantitative ion pairs, retention time, Cone voltage and collision energy

毒素	母离子	子离子	DP	EP	CE	CXP
黄曲霉毒素	313.1	241	65	5	50	17
呕吐毒素	722	334	66	3	70	23
赭曲霉毒素	404.4	238.9	55	9	35	17
T-2 毒素	484	215	55	5	35	15
玉米赤霉烯酮	319	282.9	45	5	20	27
烟曲霉毒素	297.1	249.2	50	15	40	17

（4）定性测定。在相同试验条件下，样品中待测物质保留时间与标准溶液保留时间的偏差不超过标准溶液保留时间的 2.5%，且样品中各组分定性例子的相对丰度与浓度接近的标准溶液中的定性离子的相对丰度进行比较，则可判定样品中存在对应的待测物。

（5）定量测定。在仪器最佳工作条件下，混合标准工作也与试样交替进样，采用基质匹配标准溶液校正，外标法定量。样品溶液中待测物的响应值均在仪器测定的线性范围内，当样品的上机浓度超过线性范围时，需根据测定浓度，稀释后进行重新测定。

（6）结果计算。试样中霉菌毒素 i 的含量（X）以质量分数标示（$\mu L/kg$），计算公式如下：

$$X_i = C_{si} \times \frac{A_i}{A_{si}} \times \frac{V}{m} \times f = C_i \times \frac{V}{m} \times f$$

C_{si} 为基质标准溶液中霉菌毒素的浓度；

A_i 为试样溶液中霉菌毒素的峰面积；

A_{si} 为基质标准溶液中霉菌毒素 i 的峰面积；

V 为样品定容体积；

m 为样品质量；

f 为稀释倍数；

c_i 为样品上级液中霉菌毒素的浓度。

（7）结果表示。测定结果用算数平均值表示，结果保留 2 位有效数字。

2.3.7 试验主要试剂、设备

2.3.7.1 试剂

分析纯、超纯水、乙腈（色谱纯）、甲酸（色谱纯）、氯化钠、硫酸镁、C_{18} 硅胶吸附剂、甲酸水（2%）。

标准储备液：分别量取黄曲霉毒素、伏马毒素、T-2 毒素、赭曲霉毒素、玉米赤霉烯酮、烟曲霉毒素标准储备液至棕色进样瓶中，用甲醇稀释至 1mL/L 作为本方法的标准储备液，-20℃存放。

混合标准储备液：分别吸取一定量的上述标注储备液，用甲醇稀释成浓度为 0.5μg/L、1μg/L、5μg/L、10μg/L、20μg/L、50μg/L、100μg/L。

基质匹配标准工作液：分别吸取一定量的混标，添加空白样品提取液，氮吹，用流动相稀释成同上述浓度的工作溶液，临用新配。

注：由于霉菌毒素毒性很强，实验人员应尽可能购买有证标准储备液，配置储备液时应加强自我保护。

2.3.7.2 仪器

DJL-18 温湿度记录仪：河南金成仪器有限公司

GMK-3308 水分测定仪：北京金志业仪器设备有限责任公司

氨基酸自动分析仪 L-8900——日本日立公司

FOSS Kjeltec 8400 全自动凯氏定氮仪

FOSS Fibertec 2010 全自动纤维分析仪

液相色谱—串联质谱仪 1260——美国 Agilent 公司

5804R 高速离心机——德国 Eppendorf 公司

QL-902 涡旋混合仪——美国 Waters 公司产品

METTLER TOLEDO 分析天平——美国 Waters 公司产品

HGC-12D 氮吹仪——美国 Organomation 公司

S120H 超声波清洗仪——德国 ELMA 公司

Eppendorf 移液器——德国 Eppendorf 公司

2.3.8 数据处理方法

试验中的数据都经过 Microsoft Office Excel 2010 前处理，采用 R 语言与 Sigmaplot 软件进行单因素、双因素方差分析、对应分析和图表制作。

2.3.8.1 Boxplot 函数

Boxplot 函数又称为盒须图、盒式图或箱形图，是一种用作显示一组数据分散情况资料的统计图，详细见图 2.2。

Boxplot 函数上下边界的计算公式如下：

UpperLimit＝Q3＋1.5IQR＝75%分位数＋（75%分位数−25%分位数）×1.5

LowerLimit＝Q1−1.5IQR＝25%分位数−（75%分位数−25%分位数）×1.5

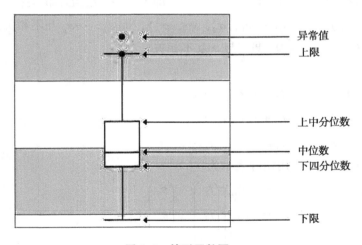

图 2.2　箱形函数图

Fig. 2.2　Box function diagram

2.3.8.2 TukeyHSD 函数杜奇检验

TukeyHSD 函数杜奇检验区别于采用代码注释的方法。经常采用的代码注释方法形式上不太美观，且不容易直接看到结果，造成阅览不变，故数据分析中采用了将脚本文件分部分执行，截图进行说明的方法，让每部操作清晰明了，结果明显。

2.3.8.3 对应分析

对应分析（Correspondence analysis，CA）也称关联分析、R-Q 型因子分析，是近年新发展起来的一种多元相依变量统计分析技术，通过分析由定性变量构成的交互汇总表来揭示变量间的联系。可以揭示同一变量的各个类别之间的差异，以及不同变量各个类别之间的对应关系。对应分析把 R 型与 Q 型因子分析统一起来，探讨的是主要指标和处理之间的关系。

因子分析的数学模型：设有可观测的 p 维随机向量 $x = (x_1, x_2, \cdots, x_p)'$，（不妨假定）其均值向量 $E(x) = 0$，协方差阵为 $V(x) = \Sigma = (\sigma_{ij})$，$f = (f_1, f_2, \cdots, f_m)'$ $\varepsilon = (\varepsilon_1, \varepsilon_2, \cdots, \varepsilon_p)'$ 都是不可观测的随机向量（$m < p$）。若

(1) $E(f) = 0$；

(2) $E(\varepsilon) = 0$；

(3) $V(f) = diag(1, 1, \cdots, 1) = I$，即 $f_1, \cdots, f_m$ 互不相关；

(4) $V(\varepsilon) = D = diag(\sigma_1^2, \sigma_2^2, \cdots, \sigma_p^2)$，即 $\varepsilon_1, \cdots \varepsilon_p$ 互不相关；

(5) $Cov(f, \varepsilon) = 0$，即 f 与 ε 互不相关。

则模型

$$\begin{cases} x_1 = a11f_1 + a_{12}f_2 + \cdots a_{1m}f_m + \varepsilon_1 \\ x_2 = a11f_1 + a_{22}f_2 + \cdots a_{2m}f_m + \varepsilon_2 \\ \cdots x_p = ap1f_1 + a_{p2}f_2 + \cdots a_{pm}f_m + \varepsilon_p \end{cases}$$

称为因子模型，用矩阵表示为

$$\begin{pmatrix} x_1 \\ x_2 \\ \cdots \\ x_p \end{pmatrix} = \begin{pmatrix} a_{11} & a_{12} & \cdots & a_{1m} \\ a_{21} & a_{22} & \cdots & a_{2m} \\ \cdots & \cdots & \cdots & \cdots \\ a_{p1} & a_{p2} & \cdots & a_{pm} \end{pmatrix} \begin{pmatrix} f_1 \\ f_2 \\ \cdots \\ f_p \end{pmatrix} + \begin{pmatrix} \varepsilon_1 \\ \varepsilon_2 \\ \cdots \\ \varepsilon_p \end{pmatrix}$$

简记为 $x = Af + \varepsilon$

其中，$f = (f_1, f_2, \cdots, f_m)'$ 称为公共因子向量，$\varepsilon = (\varepsilon_1, \varepsilon_2, \cdots, \varepsilon_p)'$ 称为特殊因子向量，a_{ij} 称为因子载荷，$A = (a_{ij})$ 称为因子载荷矩阵。

根据对应分析结果的特征向量（公因子），指标和观测信息在 2 个公因子上的载荷信息可表示为：$z = a \times Dim1 + b \times Dim2$，其中，$z$ 表示某一指标或观测，

a 和 b 分别为公因子 Dim1（第一坐标）和 Dim2（第二坐标）的系数；欧氏距离计算公式为：

$$D_{12} = \sqrt{(a_1 - a_2)^2 + (b_1 - b_2)^2}$$

对应分析可提供 3 方面的有用信息：

一是变量间的关系，即用以因子轴为坐标轴的图形上相邻近的一些变量点来表示这些变量的关系密切程度；

二是样品点间的关系，即把具有相似性质的邻近样品点归属于同一类；

三是变量与样品之间的关系，即以邻近变量表征同一类型的样品点。对应分析的结果是上述 3 种信息在同一张图上表示出来，从而可以进行分类和统计推断解释。

3 结果与分析

3.1 苜蓿适时收获技术和机理的研究

3.1.1 苜蓿适宜刈割期和刈割茬次的确定

3.1.1.1 刈割期和刈割茬次对苜蓿株高和草产量的影响

草产量是衡量苜蓿经济价值以及种植效益最大化的重要田间指标。通过对5个刈割期的苜蓿全年各茬次的植物生长高度和产量的测定，得出表3.1。

表 3.1 不同刈割期和刈割次数对全年苜蓿株高和草产量的影响

Tab. 3.1 Effect of different cutting period and cutting times on average height and forage yield of alfalfa

刈割期	第1茬刈割日期	两茬间平均间隔时间(d)	刈割次数（次）	平均株高（cm）	全年鲜草产量（kg/亩）	全年干草产量（kg/亩）	鲜干比
分枝期	4月21日	21	5	58.6^{Ed}	3205.1^{Cab}	564.7^{Dd}	5.63^{Aa}
现蕾期	5月11日	33	4	78.5^{Cbc}	3440.1^{Aa}	791.2^{Aab}	4.32^{BCbc}
初花期	5月22日	41	3	82.4^{Bab}	3335.8^{Bab}	828.6^{Aa}	4.07^{CDcde}
盛花期	6月7日	52	2	84.3^{Aa}	2753.2^{Dc}	716.3^{Bb}	3.81^{DEde}
结荚期	6月21日	72	1	83.8^{Aa}	2397.7^{Ed}	658.4^{Cc}	3.62^{Ee}

注：表中数据为三次重复测得的平均值，同列数据肩注相同字母表示差异不显著，肩注不同字母表示差异显著，大写字母代表 0.05 水平，小写字母代表 0.01 水平，下同。

Note：Results are means of three samples, Data followed by difference capitals or lowercases in a same column indicate significance difference at 0.01 or 0.05 level, same as follows.

由表3.1可知，不同生育期刈割的苜蓿，其生产性能之间存在着极大差异。鲜草产量、干草产量和平均株高随生育期的延长呈现出先升高后降低的整体趋势。鲜干比则是随着生育期的延长呈现出逐渐下降的趋势。在盛花期时，平均株高达到最大值，为84.3cm。苜蓿全年鲜草产量随着生育期的延长而发生变化。当在现蕾期刈割时，可获得3 440.1kg/亩的最大鲜草产量，当在结荚期刈割时，全年鲜草产量最低，为2 397.7kg/亩。苜蓿全年干草产量随着生育期的延长同样也发生着变化。当在初花期刈割时，可获得828.6kg/亩的最大干草产量，当在分枝期刈割时，全年干草产量最低，为564.7kg/亩。从全年产草量来看，现蕾期刈割可获得较大的鲜草产量，而在初花期刈割可获得较大的干草产量，造成这种现象的原因可能是由于不同生育期苜蓿鲜干比不同所致。因此，若仅考虑苜蓿株高和干草产量，选择初花期刈割较好，此时苜蓿的刈割次数为3次。

3.1.1.2 刈割期和刈割茬次对全年苜蓿主要营养成分的影响

不同的刈割期和刈割茬次会对苜蓿营养成分产生重要影响。由表3.2可知，分枝期刈割的苜蓿中CP含量最高，达到25.19%DM；但此时的DM、ADF和NDF最低，分别为17.62%DM、32.24%DM和43.3%DM。造成这种现象的原因可能是由于苜蓿生长前期植物体内DM含量积累比较少，但是体内水分含量较多、茎叶比相对较低、CP含量较高。当生育期延长至结荚期，则情况正好相反。由于刈割期不同，导致刈割茬次也不同，致使不同茬次的营养物质含量也有很大差异。在分枝期，CP含量最高；在结荚期时，CP含量最低。NDF和ADF则都是在分枝期最低，分别为43.3%DM和32.24%DM；结荚期最高，分别为49%DM和38.24%DM。因此，综合考虑各营养成分含量，苜蓿应该在初花期时进行刈割，而此时的刈割次数为3次。

表3.2　不同刈割期和刈割次数对全年苜蓿草营养成分的影响

Tab. 3. 2　**Effect of different cutting period and cutting times on annual nutrients of alfalfa**

刈割期	第1茬刈割日期	两茬间平均间隔天数 (d)	刈割次数(次)	鲜茎叶比	DM (%)	CP (%DM)	NDF (%DM)	ADF (%DM)	CP产量(kg/亩)
分枝期	4月25日	22	5	0.72^{Ee}	17.62^{Ed}	25.19^{Aa}	43.3^{Cb}	32.24^{Ff}	142.3^{Cb}

（续表）

刈割期	第1茬刈割日期	两茬间平均间隔天数（d）	刈割次数（次）	鲜茎叶比	DM（%）	CP（%DM）	NDF（%DM）	ADF（%DM）	CP产量（kg/亩）
现蕾期	5月17日	32	4	0.93^{CDcd}	23.01^{Cbc}	21.24^{BCab}	45.1^{Aa}	33.16D^{de}	168.1^{Aa}
初花期	5月25日	40	3	1.05^{Cbc}	24.82^{Bab}	20.20^{CDbcd}	46.1^{Aa}	34.64^{Ccd}	168.3^{Aa}
盛花期	6月6日	53	2	1.21^{Bab}	26.03^{ABab}	18.74^{DEcd}	47.7^{Db}	36.31^{Bbc}	134.3^{Db}
结荚期	6月25日	75	1	1.37^{Aa}	27.47^{Aa}	17.30^{Ecd}	49.0^{Ec}	38.24^{Aa}	114.0^{Db}

3.1.2　苜蓿适宜刈割留茬高度的确定

3.1.2.1　刈割留茬高度对苜蓿全年产量的影响

根据不同的留茬高度对试验田内各茬次苜蓿进行刈割和测产工作，得出表3.3。

表 3.3　不同刈割留茬高度对苜蓿全年产量的影响

Tab. 3.3　Effect of different cutting stubble height on alfalfa production

茬次	留茬高度（cm）	平均株高（cm）	鲜草产量（kg/亩）	干草产量（kg/亩）	鲜干比
当茬草（第1茬）	3~4	83.7	1 151.4^{Aa}	411.3^{Aa}	2.81^{Ba}
	5~6	83.4	1 132.5^{Ba}	403.5^{Ba}	2.82^{Ba}
	7~8	83.5	1 048.1^{Cb}	371.8^{Cb}	2.83^{ABa}
	9~10	83.2	1 035.4^{Db}	364.6^{Db}	2.85^{Aa}
再生草（第2茬）	3~4	79.0	621.4^{Cb}	217.8^{Bb}	2.84^{Ba}
	5~6	79.4	650.5^{Ba}	227.4^{Aa}	2.85^{Ba}
	7~8	80.1	660.4^{Aa}	229.0^{Aa}	2.86^{ABa}
	9~10	79.6	657.1^{ABa}	228.6^{Aa}	2.88^{Aa}
全部茬次（共4茬）	3~4	79.3	2 761.4^{Cb}	979.8^{Dc}	2.81^{Cb}
	5~6	81.1	2 872.5^{Aa}	1 012.4^{Aa}	2.83^{BCab}
	7~8	80.7	2 867.1^{Bab}	1 005.0^{Bab}	2.84^{ABab}
	9~10	80.6	2 860.4^{Cb}	996.6^{Cb}	2.86^{Aa}

由表3.3可知，紫花苜蓿的产草量受留茬高度的影响。不同的留茬高度对不同茬次的苜蓿产量影响程度各不相同。留茬高度的增加，全年鲜草产量和干草产量呈现出先升高后降低的趋势。出现这种变化趋势的原因可能是因为留茬高度高时，刈割牧草时会有一大部分的苜蓿植物体茎秆下部被遗留，致使产草量相对较低，与此同时，遗留较长的茎秆下部也会扼制再生草的生长，从而对再生草的产量也产生影响。当留茬过低时，虽然第一茬次产草量相对较高，但是会影响其他茬次的牧草生长，从而对其他茬次的牧草产生影响。试验区内苜蓿当茬草产量最高的留茬高度是3~4cm，鲜草和干草产量分别为1 151.4 kg/亩和411.3kg/亩；再生草产量最高的留茬高度是7~8cm，鲜草和干草产量分别为660.4kg/亩和229kg/亩；全年草总产量最高的留茬高度是5~6cm，鲜草和干草产量分别为2 872.5 kg /亩和1 012.4 kg/亩。因此，就苜蓿全年草产量而言，刈割留茬高度为5~6cm较为适宜，显著高于其他留茬高度的苜蓿产量（$P<0.05$）。

3.1.2.2 刈割留茬高度对苜蓿营养成分的影响

按照不同留茬高度进行刈割，通过对试验区内各茬次苜蓿营养指标的分析测定，得出表3.4。不同的苜蓿刈割留茬高度对苜蓿营养指标含量的影响较大，随着留茬高度的增加，苜蓿鲜茎叶比、DM含量、NDF含量及ADF含量均逐渐降低。出现这一变化的原因可能是当留茬高度较高时，有一部分的茎秆下部被遗留在地上，致使刈割部分的叶片部分含量相对较多，因此CP含量较高、茎叶比相对较低。表中数据显示，试验区内当茬草、再生草和全部茬次的苜蓿分别在留茬高度为3~4cm、9~10cm和5~6cm时CP含量最高，分别为80.93kg/亩、45.93kg/亩和200.93kg/亩，分别比最低的处理高10.73%、10.10%和5.83%；留茬高度为5~6cm和7~8cm处理的全部茬次的苜蓿CP含量较高，显著高于其他留茬高度的处理（$P<0.05$），但二者之间差异不显著（$P>0.05$），不同留茬高度的全部茬次苜蓿CP含量的大小顺序依次为：5~6cm、7~8cm、9~10cm、3~4cm。因此，由不同留茬高度对苜蓿营养成分的影响来看，苜蓿刈割留茬高度为5~6cm较好，其次为7~8cm。

表 3.4　不同刈割留茬高度对苜蓿主要营养成分的影响

Tab. 3.4　Effect of different mowing stubble height

on the main nutritional components of alfalfa

茬次	留茬高度 (cm)	鲜茎 叶比	DM（%）	CP （%DM）	NDF （%DM）	ADF （%DM）	CP 产量 （kg/亩）
当茬草 （第1茬）	3～4	1.12Aa	28.04Aa	19.67Ba	49.93Aa	38.19Aa	80.93Aa
	5～6	1.08ABab	27.43Bab	19.72ABa	48.59Aa	36.85Bb	79.59Aa
	7～8	1.04BCbc	27.13BCbc	19.75Aa	46.45Bb	36.28Bb	73.45Bb
	9～10	0.99Cc	26.85Cc	19.81Aa	46.25Bb	35.78Cc	72.25Bb
再生草 （第2茬）	3～4	1.05Aa	26.98Aa	18.95Bb	49.29Cb	37.89Aa	41.29Cb
	5～6	1.01Bab	26.33Bab	19.97Aa	48.43Ba	36.47Bb	45.43Ba
	7～8	0.96Cbc	26.22BCab	20.04Aa	47.91Aa	36.31Bb	45.91Aa
	9～10	0.92Dc	25.94Cb	20.08Aa	47.93Aa	35.22Cc	45.93Aa
全部茬次 （共4茬）	3～4	1.09Aa	27.51Aa	19.31Bb	49.22Cb	38.04Aa	189.22Cb
	5～6	1.05Bab	26.88Bb	19.85Aa	47.93Aa	35.66Bb	200.93Aa
	7～8	1.00Cbc	26.68Bb	19.90Aa	46.97ABa	35.30Bb	199.97ABa
	9～10	0.96Dc	26.40Cb	19.95Aa	46.80Ba	34.50Cc	198.80Ba

3.2　加工方式对苜蓿干草捆贮藏后营养品质变化影响的研究

3.2.1　加工方式对苜蓿干草捆贮藏后常规营养品质变化影响的研究

3.2.1.1　加工方式对苜蓿干草捆贮藏后 CP 变化影响的研究

研究苜蓿干草捆贮藏后 CP 含量与加工方式之间的相关性，详细见图 3.1。

当打捆密度为 $60kg/m^3$ 时，随着打捆含水量的上升，CP 含量呈先上升后下降的变化趋势，各处理中 C9 的 CP 含量最高，为 11.22%，显著高于 C1 和 C13（$P<0.05$）；当打捆密度为 $100kg/m^3$ 时，随着打捆含水量的上升，CP 呈先上升后下降的变化趋势，各处理中 C10 的 CP 含量最高，为 11.26%，显著高

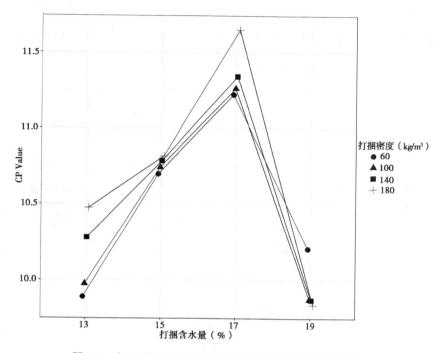

图 3.1 加工方式对苜蓿干草捆贮藏后粗蛋白质变化影响

Fig. 3. 1 The effect of processing mode on the CP change of alfalfa hay bale storage

于 C2 和 C14（P<0.05）；当打捆密度为 140kg/m³ 时，随着打捆含水量的上升，CP 含量呈先上升后下降的变化趋势，各处理中 C11 的 CP 含量最高，为 11.34%，显著高于 C3 和 C15（P<0.05）；当打捆密度为180kg/m³时，随着打捆含水量的上升，CP 含量呈先上升后下降的变化趋势，各处理中 C12 的 CP 含量最高，为 11.65%，显著高于 C4 和 C16（P<0.05）。

当打捆含水量为 13%时，随着打捆密度的上升，各处理中 C4 的 CP 含量最高，为 10.48%，显著高于 C1、C2 和 C3（P<0.05）；当打捆含水量为 15%时，随着打捆密度的上升，各处理中 C8 的 CP 含量最高，为 10.82%，显著高于 C5、C6 和 C7（P<0.05）；当打捆含水量为 17%时，随着打捆密度的上升，各处理中 C12 的 CP 含量最高，为 11.65%，与 C9、C10 和 C11（P>0.05）差异不显著；当打捆含水量为 19%时，随着打捆密度的上升，各处理中 C13 的 CP 含量最高，为 10.21%，与 C14、C15 和 C16（P>0.05）差异不显著。

3.2.1.2 加工方式对苜蓿干草捆贮藏后 NDF 变化影响的研究

研究苜蓿干草捆中 NDF 含量与加工方式之间的相关性，详细见图 3.2。

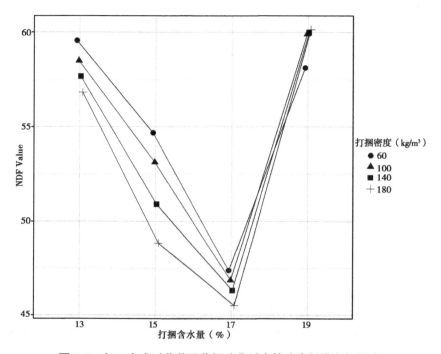

图 3.2 加工方式对苜蓿干草捆贮藏后中性洗涤纤维变化影响

Fig. 3.2 The effect of processing mode on the NDF change of alfalfa hay bale storage

当打捆密度为 $60kg/m^3$ 时，随着打捆含水量的上升，NDF 含量呈先下降后升高的变化趋势，各处理中 C9 的 NDF 含量最低，为 47.38%，显著低于 C1 和 C13（$P<0.05$）；当打捆密度为 $100kg/m^3$ 时，随着打捆含水量的上升，NDF 含量呈先下降后升高，各处理中 C10 的 NDF 含量最低，为 46.85%，显著低于 C2 和 C14（$P<0.05$）；当打捆密度为 $140kg/m^3$ 时，随着打捆含水量的上升，NDF 含量呈先下降后升高的变化趋势，各处理中 C11 的 NDF 含量最低，为 46.32%，显著低于 C3 和 C15（$P<0.05$）；当打捆密度为 $180kg/m^3$ 时，随着打捆含水量的上升，NDF 含量呈先下降后上升的变化趋势，各处理中 C12 的 NDF 含量最低，为 45.53%，显著低于 C4 和 C16（$P<0.05$）。

当打捆含水量为 13% 时，随着打捆密度的上升，各处理中 C4 的 NDF 含量最低，为 56.84%，与 C1、C2 和 C3 差异不显著（$P>0.05$）；当打捆含水量为 15% 时，随着打捆密度的上升，各处理中 C8 的 NDF 含量最低，为 48.85%，与 C5、C6 和 C7 差异不显著（$P>0.05$）；当打捆含水量为 17% 时，随着打捆密度的上升，各处理中 C12 的 NDF 含量最低，为 45.53%，与 C9、C10 和 C11（$P>0.05$）差异不显著；当打捆含水量为 19% 时，随着打捆密度的上升，各处理中 C13 的 NDF 含量最低，为 58.12%，与 C14、C15 和 C16（$P>0.05$）差异不显著。

3.2.1.3 加工方式对苜蓿干草捆贮藏后 ADF 变化影响的研究

研究苜蓿干草捆中 ADF 含量与加工方式之间的相关性，详细见图 3.3。

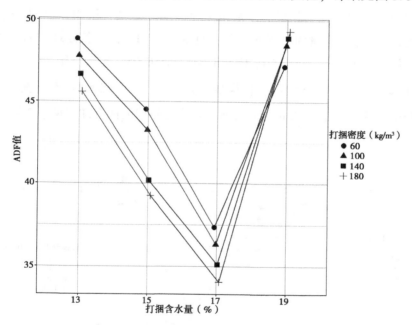

图 3.3 加工方式对苜蓿干草捆贮藏后酸性洗涤纤维变化影响

Fig. 3. 3 The effect of processing mode on the ADF change of alfalfa hay bale storage

当打捆密度为 60kg/m³ 时，随着打捆含水量的上升，ADF 含量呈先下降后升高的变化趋势，各处理中 C9 的 ADF 含量最低，为 37.37%，显著低于 C1 和 C13（$P<0.05$）；当打捆密度为 100kg/m³ 时，随着打捆含水量的上升，ADF 含量呈先下降后升高，各处理中 C10 的 ADF 含量最低，为 36.34%，显著低于 C2 和 C14（$P<0.05$）；当打捆密度为 140kg/m³ 时，随着打捆含水量的上升，ADF

含量呈先下降后升高的变化趋势，各处理中 C11 的 ADF 含量最低，为 35.13%，显著低于 C3 和 C15（$P<0.05$）；当打捆密度为 180kg/m³ 时，随着打捆含水量的上升，ADF 含量呈先下降后上升的变化趋势，各处理中 C12 的 ADF 含量最低，为 45.53%，显著低于 C4 和 C16（$P<0.05$）。

当打捆含水量为 13% 时，随着打捆密度的上升，各处理中 C4 的 ADF 含量最低，为 45.6%，与 C1、C2 和 C3 差异不显著（$P>0.05$）；当打捆含水量为 15% 时，随着打捆密度的上升，各处理中 C8 的 ADF 含量最低，为 39.26%，与 C5、C6 和 C7 差异不显著（$P>0.05$）；当打捆含水量为 17% 时，随着打捆密度的上升，各处理中 C12 的 ADF 含量最低，为 34.07%，与 C9、C10 和 C11（$P>0.05$）差异不显著；当打捆含水量为 19% 时，随着打捆密度的上升，各处理中 C13 的 ADF 含量最低，为 47.17%，与 C14、C15 和 C16（$P>0.05$）差异不显著。

3.2.1.4　加工方式对苜蓿干草捆贮藏后 Ash 变化影响的研究

研究苜蓿干草捆内 Ash 含量与加工方式之间相关性，详细见图 3.4。

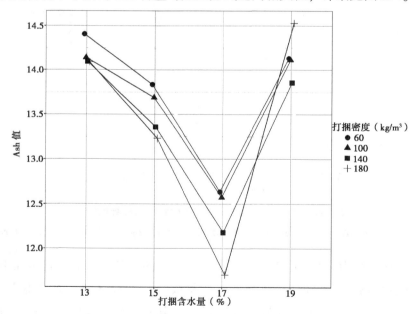

图 3.4　加工方式对苜蓿干草捆贮藏后粗灰分的变化影响

Fig. 3. 4　The effect of processing mode on the Ash change of alfalfa hay bale storage

当打捆密度为 60kg/m³ 时，随着打捆含水量的上升，Ash 含量呈先下降后升高的变化趋势，各处理中 C9 的 Ash 含量最低，为 12.64%，低于 C1 和 C13；当打捆密度为 100kg/m³ 时，随着打捆含水量的上升，Ash 含量呈先下降后升高，各处理中 C10 的 Ash 含量最低，为 12.57%，低于 C2 和 C14；当打捆密度为 140kg/m³ 时，随着打捆含水量的上升，Ash 含量呈先下降后升高的变化趋势，各处理中 C11 的 Ash 含量最低，为 12.15%，低于 C3 和 C15；当打捆密度为 180kg/m³ 时，随着打捆含水量的上升，Ash 含量呈先下降后上升的变化趋势，各处理中 C12 的 Ash 含量最低，为 11.71%，低于 C4 和 C16。

当打捆含水量为 13% 时，随着打捆密度的上升，各处理中 C4 和 C3 的 Ash 含量最低，为 14.09%，与 C1 和 C2 差异不显著（$P>0.05$）；当打捆含水量为 15% 时，随着打捆密度的上升，各处理中 C8 的 Ash 含量最低，为 13.17%，与 C5、C6 和 C7 差异不显著（$P>0.05$）；当打捆含水量为 17% 时，随着打捆密度的上升，各处理中 C12 的 Ash 含量最低，为 11.71%，与 C9、C10 和 C11（$P>0.05$）差异不显著；当打捆含水量为 19% 时，随着打捆密度的上升，各处理中 C15 的 Ash 含量最低，为 13.86%，与 C13、C14 和 C16（$P>0.05$）差异不显著。

3.2.1.5　加工方式对苜蓿干草捆贮藏后 RFV 变化影响的研究

研究苜蓿干草捆 RFV 与加工方式之间相关性，详细见图 3.5。

当打捆密度为 60kg/m³ 时，随着打捆含水量的上升，RFV 含量呈先上升后下降的变化趋势，各处理中 C12 的 RFV 含量最高，为 99.83%，显著高于 C4、C8 和 C16（$P<0.05$）；当打捆密度为 100kg/m³ 时，随着打捆含水量的上升，RFV 含量呈先上升后下降的变化趋势，各处理中 C10 的 RFV 含量最高，为 96.17%，显著高于 C2、C6 和 C14（$P<0.05$）；当打捆密度为 140kg/m³ 时，随着打捆含水量的上升，RFV 含量呈先上升后下降的变化趋势，各处理中 C11 的 RFV 含量最高，为 97.46%，显著高于 C3、C7 和 C15（$P<0.05$）；当打捆密度为 180kg/m³ 时，随着打捆含水量的上升，RFV 含量呈先上升后下降的变化趋势，各处理中 C13 的 RFV 含量最高，为 76.2%，显著高于 C9（$P<0.05$）。

当打捆含水量为 13% 时，随着打捆密度的上升，各处理中 C4 的 RFV 含量最高，为 76.88%，与 C1、C3 和 C2 差异不显著（$P>0.05$）；当打捆含水量为

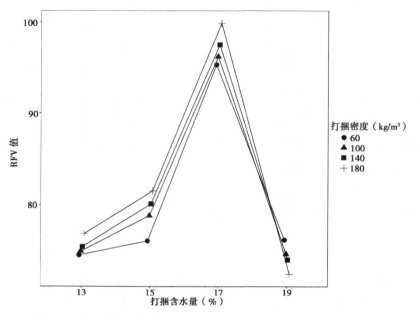

图 3.5 加工方式对苜蓿干草捆贮藏后相对饲用价值的变化影响

Fig. 3.5 The effect of processing mode on the RFV change of alfalfa hay bale storage

15%时，随着打捆密度的上升，各处理中 C8 的 RFV 含量最高，为 81.57%，与 C5、C6 和 C7 差异不显著（$P>0.05$）；当打捆含水量为 17%时，随着打捆密度的上升，各处理中 C12 的 RFV 含量最高，为 99.83%，与 C9、C10 和 C11（$P>0.05$）差异不显著；当打捆含水量为 19%时，随着打捆密度的上升，各处理中 C13 的 RFV 含量最高，为 76.2%，与 C15、C14 和 C16（$P>0.05$）差异不显著。

3.2.2 加工方式苜蓿干草捆贮藏后矿物质元素变化影响的研究

3.2.2.1 加工方式对苜蓿干草捆贮藏后 Ca 变化影响的研究

当打捆密度为 60kg/m³ 时，随着打捆含水量的上升，Ca 含量呈先上升后下降的变化趋势，各处理中 C9 的 Ca 含量最高，为 0.2%，与 C1 和 C5 差异显著（$P<0.05$）；当打捆密度为 100kg/m³ 时，随着打捆含水量的上升，Ca 含量呈先

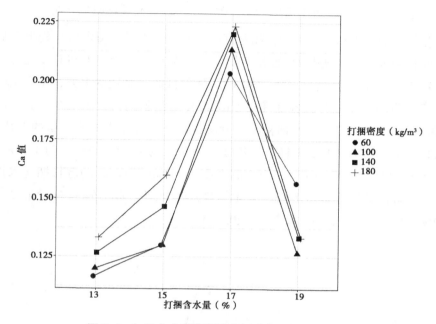

图 3.6　加工方式对苜蓿干草捆贮藏后钙变化影响

Fig. 3.6　The effect of processing mode on the Ca change of alfalfa hay bale storage

上升后下降的变化趋势，各处理中 C10 的 Ca 含量最高，为 0.21%，显著高于 C2、C6 和 C14（$P<0.05$）；当打捆密度为 140kg/m³ 时，随着打捆含水量的上升，Ca 含量呈先上升后下降的变化趋势，各处理中 C11 的 Ca 含量最高，为 0.22%，显著高于 C15（$P<0.05$）；当打捆密度为 180kg/m³ 时，随着打捆含水量的上升，Ca 含量呈先上升后下降的变化趋势，各处理中 C12 的 Ca 含量最高，为 0.22%，与 C4 和 C16 差异显著（$P<0.05$）。

当打捆含水量为 13% 时，随着打捆密度的上升，各处理中 C4 的 Ca 含量最高，为 0.14%，与 C1、C3 和 C2 差异不显著（$P>0.05$）；当打捆含水量为 15% 时，随着打捆密度的上升，各处理中 C8 的 Ca 含量最高，为 0.16%，与 C5、C6 和 C7 差异不显著（$P>0.05$）；当打捆含水量为 17% 时，随着打捆密度的上升，各处理中 C12 的 Ca 含量最高，为 0.22%，与 C9、C10 和 C11（$P>0.05$）差异不显著；当打捆含水量为 19% 时，随着打捆密度的上升，各处理中 C13 的 Ca 含量最高，为 0.16%，与 C15、C14 和 C16（$P>0.05$）差异不显著。

3.2.2.2 加工方式对苜蓿干草捆贮藏后 K 变化影响的研究

当打捆密度为 60kg/m³ 时,随着打捆含水量的上升,K 含量呈先上升后下降的变化趋势,各处理中 C9 的 K 含量最高,为 1.1%,与 C1 和 C13 差异显著($P<0.05$);当打捆密度为 100kg/m³ 时,随着打捆含水量的上升,K 含量呈先上升后下降的变化趋势,各处理中 C10 的 K 含量最高,为 1.13%,显著高于 C2 和 C14($P<0.05$);当打捆密度为 140kg/m³ 时,随着打捆含水量的上升,K 含量呈先上升后下降的变化趋势,各处理中 C11 的 K 含量最高,为 1.2%,显著高于 C3 和 C15($P<0.05$);当打捆密度为 180kg/m³ 时,随着打捆含水量的上升,K 含量呈先上升后下降的变化趋势,各处理中 C12 的 K 含量最高,为 1.22%,与 C4 和 C16 差异显著($P<0.05$)。

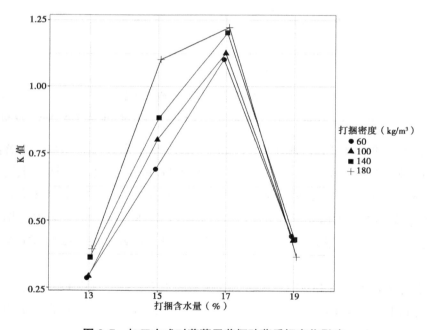

图 3.7　加工方式对苜蓿干草捆贮藏后钾变化影响

Fig. 3. 7　The effect of processing mode on the K change of alfalfa hay bale storage

当打捆含水量为 13% 时,随着打捆密度的上升,各处理中 C4 的 K 含量最高,为 0.39%,与 C1、C3 和 C2 差异不显著($P>0.05$);当打捆含水量为 15%

时，随着打捆密度的上升，各处理中 C8 的 K 含量最高，为 1.1%，与 C5、C6 和 C7 差异不显著（$P>0.05$）；当打捆含水量为 17% 时，随着打捆密度的上升，各处理中 C12 的 K 含量最高，为 1.22%，与 C9、C10 和 C11（$P>0.05$）差异不显著；当打捆含水量为 19% 时，随着打捆密度的上升，各处理中 C13 的 K 含量最高，为 0.44%，与 C15、C14 和 C16（$P>0.05$）差异不显著。

3.2.2.3 加工方式对苜蓿干草捆贮藏后 Mg 变化影响的研究

当打捆密度为 60kg/m³ 时，随着打捆含水量的上升，Mg 含量呈先上升后下降的变化趋势，各处理中 C9 的 Mg 含量最高，为 0.07%，与 C1 和 C13 差异显著（$P<0.05$）；当打捆密度为 100kg/m³ 时，随着打捆含水量的上升，Mg 含量呈先上升后下降的变化趋势，各处理中 C10 的 Mg 含量最高，为 0.1%，显著高于 C2 和 C14（$P<0.05$）；当打捆密度为 140kg/m³ 时，随着打捆含水量的上

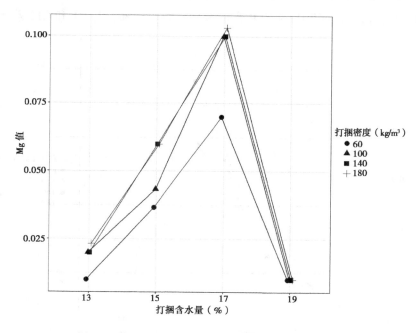

图 3.8 加工方式对苜蓿干草捆贮藏后镁变化影响

Fig. 3. 8 The effect of processing mode on the Mg change of alfalfa hay bale storage

升，Mg 含量呈先上升后下降的变化趋势，各处理中 C11 的 Mg 含量最高，为

0.1%，显著高于 C3 和 C15（P<0.05）；当打捆密度为 180kg/m³ 时，随着打捆含水量的上升，Mg 含量不发生变化，C13＝C14＝C15＝C16。

当打捆含水量为 13% 时，随着打捆密度的上升，各处理中 C4 的 Mg 含量最高，为 0.04%，与 C1、C3 和 C2 差异不显著（P>0.05）；当打捆含水量为 15% 时，随着打捆密度的上升，各处理中 C8 的 Mg 含量最高，为 1.1%，与 C5、C6 和 C7 差异不显著（P>0.05）；当打捆含水量为 17% 时，随着打捆密度的上升，各处理中 C12 的 Mg 含量最高，为 1.22%，与 C9、C10 和 C11（P>0.05）差异不显著；当打捆含水量为 19% 时，随着打捆密度的上升，各处理中 C13 的 Mg 含量最高，为 0.44%，与 C15、C14 和 C16（P>0.05）差异不显著。

3.2.2.4 加工方式对苜蓿干草捆贮藏后 P 变化影响的研究

当打捆密度为 60kg/m³ 时，随着打捆含水量的上升，P 含量呈先上升后下降的变化趋势，各处理中 C9 的 P 含量最高，为 0.05%，与 C1 和 C13 差异显著

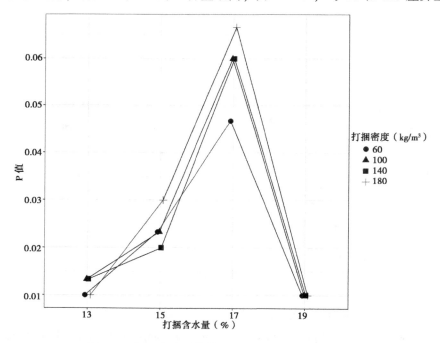

图 3.9　加工方式对苜蓿干草捆贮藏后磷变化影响

Fig. 3.9　The effect of processing mode on the P change of alfalfa hay bale storage

（$P<0.05$）；当打捆密度为 100kg/m³ 时，随着打捆含水量的上升，P 含量呈先上升后下降的变化趋势，各处理中 C10 的 P 含量最高，为 0.06%，显著高于 C2、C6 和 C14（$P<0.05$）；当打捆密度为 140kg/m³ 时，随着打捆含水量的上升，P 含量呈先上升后下降的变化趋势，各处理中 C11 的 P 含量最高，为 0.06%，显著高于 C3 和 C15（$P<0.05$）；当打捆密度为 180kg/m³ 时，随着打捆含水量的上升，各处理中 C12 的 P 含量最高，为 0.07%，显著高于 C4 和 C16（$P<0.05$）。

当打捆含水量为 13% 时，随着打捆密度的上升，各处理中 C4 和 C1 的 P 含量最高，为 0.04%，与 C3 和 C2 差异不显著（$P>0.05$）；当打捆含水量为 15% 时，随着打捆密度的上升，各处理中 C8 的 P 含量最高，为 0.03%，与 C5、C6 和 C7 差异不显著（$P>0.05$）；当打捆含水量为 17% 时，随着打捆密度的上升，各处理中 C12 的 P 含量最高，为 0.07%，与 C9、C10 和 C11（$P>0.05$）差异不显著；当打捆含水量为 19% 时，随着打捆密度的上升，P 含量不发生变化，C13＝C14＝C15＝C16。

3.2.3　加工方式对苜蓿干草捆贮藏后氨基酸变化影响的研究

3.2.3.1　加工方式对苜蓿干草捆贮藏后 Lysine 变化影响的研究

当打捆密度为 60kg/m³ 时，随着打捆含水量的上升，Lysine 含量呈先上升后下降的变化趋势，各处理中 C9 的 Lysine 含量最高，为 0.17%，与 C1 差异显著（$P<0.05$）；当打捆密度为 100kg/m³ 时，随着打捆含水量的上升，Lysine 含量呈先上升后下降的变化趋势，各处理中 C10 的 Lysine 含量最高，为 0.26%，显著高于 C2 和 C14（$P<0.05$）；当打捆密度为 140kg/m³ 时，随着打捆含水量的上升，Lysine 含量呈先上升后下降的变化趋势，各处理中 C11 的 Lysine 含量最高，为 0.19%，显著高于 C3、C5 和 C15（$P<0.05$）；当打捆密度为 180kg/m³ 时，随着打捆含水量的上升，各处理中 C12 的 Lysine 含量最高，为 0.33%，显著高于 C4 和 C16（$P<0.05$）。

当打捆含水量为 13% 时，随着打捆密度的上升，各处理中 C4 的 Lysine 含量最高，为 0.1%，与 C1、C3 和 C2 差异不显著（$P>0.05$）；当打捆含水量为 15% 时，随着打捆密度的上升，各处理中 C8 的 Lysine 含量最高，为 0.2%，与

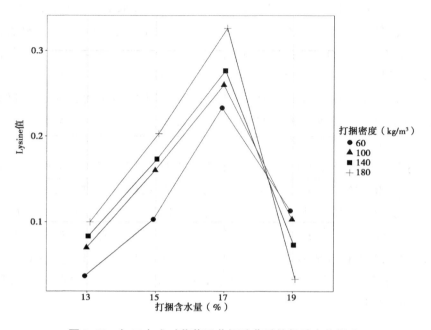

图 3.10 加工方式对苜蓿干草捆贮藏后赖氨酸变化影响

Fig. 3.10 The effect of processing mode on the Lysine change of alfalfa hay bale storage

C5、C6 和 C7 差异不显著（$P>0.05$）；当打捆含水量为 17% 时，随着打捆密度的上升，各处理中 C12 的 Lysine 含量最高，为 0.33%，与 C9、C10 和 C11（$P>0.05$）差异不显著；当打捆含水量为 19% 时，随着打捆密度的上升，各处理中 C13 的 Lysine 含量最高，为 0.11%，与 C14、C15 和 C16 差异不显著（$P>0.05$）。

3.2.3.2 加工方式对苜蓿干草捆贮藏后 Methionine 变化影响的研究

当打捆密度为 60kg/m³ 时，随着打捆含水量的上升，Methionine 含量呈先上升后下降的变化趋势，各处理中 C9 的 Methionine 含量最高，为 0.04%，与 C1、C5 和 C13 差异不显著（$P>0.05$）；当打捆密度为 100kg/m³ 时，随着打捆含水量的上升，Methionine 含量呈先上升后下降的变化趋势，各处理中 C10 的 Methionine 含量最高，为 0.05%，显著高于 C2 和 C6（$P<0.05$）；当打捆密度为 140kg/m³ 时，随着打捆含水量的上升，Methionine 含量呈先上升后下降的变

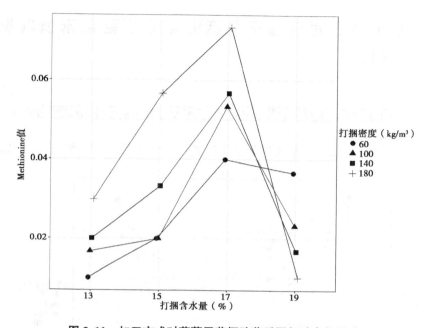

图 3.11　加工方式对苜蓿干草捆贮藏后蛋氨酸变化影响

Fig. 3. 11　The effect of processing mode on the Methionine change of alfalfa hay bale storage

化趋势，各处理中 C11 的 Methionine 含量最高，为 0.06%，显著高于 C3（$P<0.05$）；当打捆密度为 180kg/m³ 时，随着打捆含水量的上升，各处理中 C12 的 Methionine 含量最高，为 0.07%，显著高于 C4 和 C16（$P<0.05$）。

当打捆含水量为 13% 时，随着打捆密度的上升，各处理中 C4 的 Methionine 含量最高，为 0.1%，与 C1、C3 和 C2 差异不显著（$P>0.05$）；当打捆含水量为 15% 时，随着打捆密度的上升，各处理中 C8 的 Methionine 含量最高，为 0.06%，与 C5 和 C6 差异显著（$P<0.05$）；当打捆含水量为 17% 时，随着打捆密度的上升，各处理中 C12 的 Methionine 含量最高，为 0.07%，与 C9 差异显著（$P<0.05$）；当打捆含水量为 19% 时，随着打捆密度的上升，各处理中 C13 的 Methionine 含量最高，为 0.04%，与 C14、C15 和 C16 差异不显著（$P>0.05$）。

3.3 加工方式对苜蓿干草捆贮藏后霉菌毒素情况影响的研究

3.3.1 加工方式对苜蓿干草捆贮藏后黄曲霉毒素变化影响的研究

研究草捆中黄曲霉毒素含量与加工方式之间的相关性，详细见图 3.12。

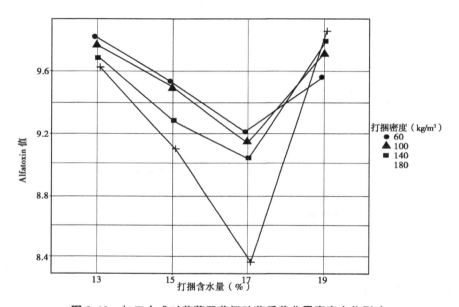

图 3.12 加工方式对苜蓿干草捆贮藏后黄曲霉毒素变化影响

Fig. 3. 12 The effect of processing mode on the aflatoxin change of alfalfa hay bale storage

当打捆密度为 60kg/m³ 时，随着打捆含水量的上升，黄曲霉毒素（Alfatoxin）含量呈先下降后上升的变化趋势，各处理中 C1 的 Alfatoxin 含量最高，为 9.82%，与 C1、C5 和 C13 差异不显著（$P>0.05$）；当打捆密度为 100kg/m³ 时，随着打捆含水量的上升，Alfatoxin 含量呈先下降后上升的变化趋势，各处理中 C2 的 Alfatoxin 含量最高，为 9.77%，与 C11、C6 和 C14 差异不显著（$P>0.05$）；当打捆密度为 140kg/m³ 时，随着打捆含水量的上升，Alfatoxin 含量呈先下降后上升的变化趋势，各处理中 C3 的 Alfatoxin 含量最高，为 9.69%，显著高于 C11（$P<$

0.05）；当打捆密度为 180kg/m³ 时，随着打捆含水量的上升，各处理中 C4 的 Alfatoxin 含量最高，为 9.63%，显著高于 C12（$P<0.05$）。

当打捆含水量为 13% 时，随着打捆密度的上升，各处理中 C1 的 Alfatoxin 含量最高，为 9.82%，与 C4、C3 和 C2 差异不显著（$P>0.05$）；当打捆含水量为 15% 时，随着打捆密度的上升，各处理中 C5 的 Alfatoxin 含量最高，为 9.53%，与 C7、C8 和 C6 差异不显著（$P>0.05$）；当打捆含水量为 17% 时，随着打捆密度的上升，各处理中 C9 的 Alfatoxin 含量最高，为 9.21%，与 C12 差异显著（$P<0.05$）；当打捆含水量为 19% 时，随着打捆密度的上升，各处理中 C16 的 Alfatoxin 含量最高，为 9.86%，与 C14、C15 和 C13 差异不显著（$P>0.05$）。

3.3.2 加工方式对苜蓿干草捆贮藏后呕吐毒素变化影响的研究

研究干草捆内呕吐毒素含量与加工方式之间的相关性，详细见图 3.13。

当打捆密度为 60kg/m³ 时，随着打捆含水量的上升，Vomitoxin 含量呈先下降后上升的变化趋势，各处理中 C9 的 Vomitoxin 含量最低，为 14.64%，与 C1、和 C13 差异显著（$P<0.05$）；当打捆密度为 100kg/m³ 时，随着打捆含水量的上升，Vomitoxin 含量呈先下降后上升的变化趋势，各处理中 C10 的 Vomitoxin 含量最低，为 14.46%，与 C2、C6 和 C14 差异显著（$P<0.05$）；当打捆密度为 140kg/m³ 时，随着打捆含水量的上升，Vomitoxin 含量呈先下降后上升的变化趋势，各处理中 C11 的 Vomitoxin 含量最低，为 13.14%，显著低于 C3 和 C15（$P<0.05$）；当打捆密度为 180kg/m³ 时，随着打捆含水量的上升，各处理中 C12 的 Vomitoxin 含量最低，为 13.09%，显著低于 C4 和 C16（$P<0.05$）。

当打捆含水量为 13% 时，随着打捆密度的上升，各处理中 C1 的 Vomitoxin 含量最高，为 17.46%，与 C4、C3 和 C2 差异不显著（$P>0.05$）；当打捆含水量为 15% 时，随着打捆密度的上升，各处理中 C5 的 Vomitoxin 含量最高，为 15.79%，与 C7、C8 和 C6 差异不显著（$P>0.05$）；当打捆含水量为 17% 时，随着打捆密度的上升，各处理中 C9 的 Vomitoxin 含量最高，为 14.64%，与 C10、C11 和 C12 差异不显著（$P>0.05$）；当打捆含水量为 19% 时，随着打捆密度的上升，各处理中 C16 的 Vomitoxin 含量最高，为 18.56%，与 C14、C15

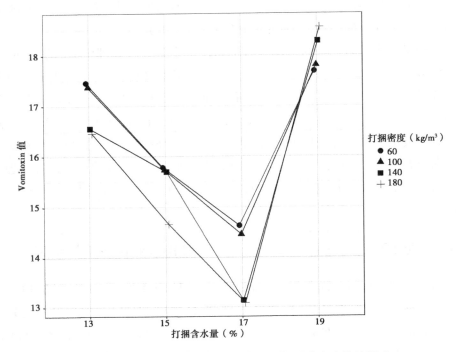

图 3. 13 加工方式对苜蓿干草捆贮藏后呕吐毒素变化的影响

Fig. 3. 13 The effect of processing mode on the vomitoxin change of alfalfa hay bale storage

和 C13 差异不显著（$P>0.05$）。

3.3.3 加工方式对苜蓿干草捆贮藏后 T-2 毒素变化影响的研究

研究干草捆内 T-2 毒素含量与加工方式之间的相关性，详细见图 3. 14。

当打捆密度为 60kg/m³ 时，随着打捆含水量的上升，T-2toxin 含量呈先下降后上升的变化趋势，各处理中 C9 的 T-2toxin 含量最低，为 5. 86%，与 C1 差异显著（$P<0.05$）；当打捆密度为 100kg/m³ 时，随着打捆含水量的上升，T-2toxin 含量呈先下降后上升的变化趋势，各处理中 C10 的 T-2toxin 含量最低，为 5. 73%，与 C2 和 C14 差异显著（$P<0.05$）；当打捆密度为 140kg/m³ 时，随着打捆含水量的上升，T-2toxin 含量呈先下降后上升的变化趋势，各处理中 C11 的 T-2toxin 含量最低，为 5. 64%，显著低于 C3 和 C15（$P<0.05$）；当打捆

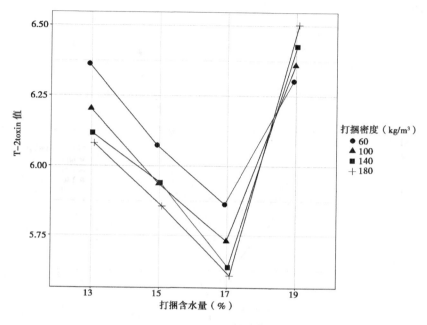

图 3. 14　加工方式对苜蓿干草捆贮藏后 T-2 毒素变化影响

Fig. 3. 14　The effect of processing mode on the T-2 toxin change of alfalfa hay bale storage

密度为 180kg/m³ 时，随着打捆含水量的上升，各处理中 C12 的 T-2toxin 含量最低，为 5. 61%，显著低于 C4 和 C16 （$P<0.05$）。

当打捆含水量为 13% 时，随着打捆密度的上升，各处理中 C1 的 T-2toxin 含量最高，为 6. 36%，与 C4、C3 和 C2 差异不显著 （$P>0.05$）；当打捆含水量为 15% 时，随着打捆密度的上升，各处理中 C5 的 T-2toxin 含量最高，为 6. 07%，与 C7、C8 和 C6 差异不显著 （$P>0.05$）；当打捆含水量为 17% 时，随着打捆密度的上升，各处理中 C9 的 T-2toxin 含量最高，为 5. 86%，与 C10、C11 和 C12 差异不显著 （$P>0.05$）；当打捆含水量为 19% 时，随着打捆密度的上升，各处理中 C16 的 T-2toxin 含量最高，为 6. 5%，与 C14、C15 和 C13 差异不显著 （$P>0.05$）。

3.3.4　加工方式对苜蓿干草捆贮藏后玉米赤霉烯酮变化影响的研究

研究干草捆内玉米赤霉烯酮含量与加工方式之间的相关性，详细请见

图 3.15。

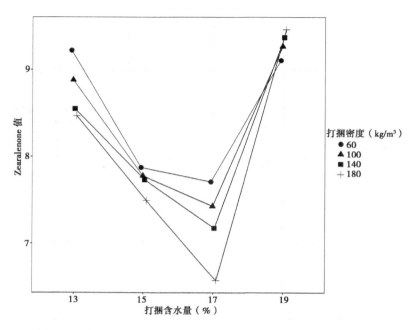

图 3.15　加工方式对苜蓿干草捆贮藏后玉米赤霉烯酮变化的影响

Fig. 3.15　The effect of processing mode on the Zearalenone change of alfalfa hay bale storage

当打捆密度为 60kg/m³ 时，随着打捆含水量的上升，Zearalenone 含量呈先下降后上升的变化趋势，各处理中 C9 的 Zearalenone 含量最低，为 7.71%，与 C1 差异显著（$P<0.05$）；当打捆密度为 100kg/m³ 时，随着打捆含水量的上升，Zearalenone 含量呈先下降后上升的变化趋势，各处理中 C10 的 Zearalenone 含量最低，为 7.43%，与 C14 差异显著（$P<0.05$）；当打捆密度为 140kg/m³ 时，随着打捆含水量的上升，Zearalenone 含量呈先下降后上升的变化趋势，各处理中 C11 的 Zearalenone 含量最低，为 7.15%，显著低于 C15（$P<0.05$）；当打捆密度为 180kg/m³ 时，随着打捆含水量的上升，各处理中 C12 的 Zearalenone 含量最低，为 6.57%，显著低于 C4 和 C16（$P<0.05$）。

当打捆含水量为 13% 时，随着打捆密度的上升，各处理中 C1 的 Zearalenone 含量最高，为 9.22%，与 C4、C3 和 C2 差异不显著（$P>0.05$）；当打捆含水量为 15% 时，随着打捆密度的上升，各处理中 C8 的 Zearalenone 含量最高，为 7.5%，与 C7、C5 和 C6 差异不显著（$P > 0.05$）；当打捆含水量为 17%时，随着打捆密度的上升，各处理中 C12 的 Zearalenone 含量最高，为 6.57%，与 C10、C11 和 C19 差异不显著（$P > 0.05$）；当打捆含水量为 19%时，随着打捆密度的上升，各处理中 C16 的 Zearalenone 含量最高，为 9.46%，与 C14、C15 和 C13 差异不显著（$P > 0.05$）。

3.3.5 加工方式对苜蓿干草捆贮藏后烟曲霉毒素变化影响的研究

研究干草捆中烟曲霉毒素含量与加工方式之间的相关性，详细见图 3.16。

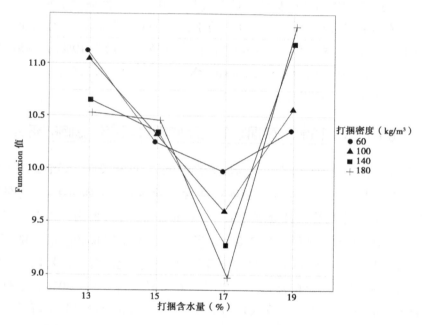

图 3.16 加工方式对苜蓿干草捆贮藏后烟曲霉毒素变化的影响

Fig. 3.16 The effect of processing mode on the fumonxion change of alfalfa hay bale storage

当打捆密度为 60kg/m³ 时，随着打捆含水量的上升，Fumonxion 含量呈先下降后上升的变化趋势，各处理中 C1 的 Fumonxion 含量最高，为 11.13%，与 C9 差异显著（$P < 0.05$）；当打捆密度为 100kg/m³ 时，随着打捆含水量的上升，Fumonxion 含量呈先下降后上升的变化趋势，各处理中 C10 的 Fumonxion 含量

最低，为 9.6%，与 C2 和 C14 差异显著（$P<0.05$）；当打捆密度为 140kg/m³ 时，随着打捆含水量的上升，Fumonxion 含量呈先下降后上升的变化趋势，各处理中 C11 的 Fumonxion 含量最低，为 9.19%，显著低于 C3 和 C15（$P<0.05$）；当打捆密度为 180kg/m³ 时，随着打捆含水量的上升，各处理中 C12 的 Fumonxion 含量最低，为 8.97%，显著低于 C4、C8 和 C16（$P<0.05$）。

当打捆含水量为 13% 时，随着打捆密度的上升，各处理中 C1 的 Fumonxion 含量最高，为 11.13%，与 C4、C3 和 C2 差异不显著（$P>0.05$）；当打捆含水量为 15% 时，随着打捆密度的上升，各处理中 C8 的 Fumonxion 含量最高，为 10.46%，与 C7、C5 和 C6 差异不显著（$P>0.05$）；当打捆含水量为 17% 时，随着打捆密度的上升，各处理中 C9 的 Fumonxion 含量最高，为 9.98%，与 C10、C11 和 C12 差异不显著（$P>0.05$）；当打捆含水量为 19% 时，随着打捆密度的上升，各处理中 C16 的 Fumonxion 含量最高，为 11.36%，与 C14、C15 和 C13 差异不显著（$P>0.05$）。

3.3.6　加工方式对苜蓿干草捆贮藏后赭曲霉毒素变化影响的研究

研究干草捆内赭曲霉毒素含量与加工贮藏方式之间相关性，详细见图 3.17。

当打捆密度为 60kg/m³ 时，随着打捆含水量的上升，Ochratoxin 含量呈先下降后上升的变化趋势，各处理中 C1 的 Ochratoxin 含量最高，为 7.15%，与 C5、C9 和 C13 差异不显著（$P>0.05$）；当打捆密度为 100kg/m³ 时，随着打捆含水量的上升，Ochratoxin 含量呈先下降后上升的变化趋势，各处理中 C10 的 Ochratoxin 含量最低，为 6.75%，与 C2 和 C6 差异显著（$P<0.05$）；当打捆密度为 140kg/m³ 时，随着打捆含水量的上升，Ochratoxin 含量呈先下降后上升的变化趋势，各处理中 C11 的 Ochratoxin 含量最低，为 6.57%，显著低于 C3 和 C15（$P<0.05$）；当打捆密度为 180kg/m³ 时，随着打捆含水量的上升，各处理中 C12 的 Ochratoxin 含量最低，为 6.34%，显著低于 C4、C8 和 C16（$P<0.05$）。

当打捆含水量为 13% 时，随着打捆密度的上升，各处理中 C1 的 Ochratoxin 含量最高，为 7.15%，与 C4、C3 和 C2 差异不显著（$P>0.05$）；当打捆含水量为 15% 时，随着打捆密度的上升，各处理中 C8 的 Ochratoxin 含量最低，为

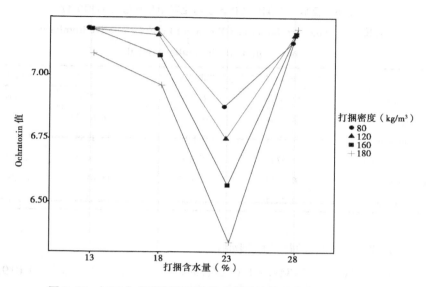

图 3.17 加工方式对苜蓿干草捆贮藏后赭曲霉毒素变化的影响

Fig. 3.17 The effect of processing mode on the ochratoxin change of alfalfa hay bale storage

6.96%，与 C7、C5 和 C6 差异不显著（$P>0.05$）；当打捆含水量为 17%时，随着打捆密度的上升，各处理中 C9 的 Ochratoxin 含量最高，为 6.88%，与 C10、C11 和 C12 差异不显著（$P>0.05$）；当打捆含水量为 19%时，随着打捆密度的上升，各处理中 C16 的 Ochratoxin 含量最高，为 7.15%，与 C14、C15 和 C13 差异不显著（$P>0.05$）。

3.4 贮藏条件对苜蓿干草捆贮藏期内营养品质变化影响的研究

3.4.1 贮藏条件对苜蓿干草捆贮藏期内常规营养品质变化影响的研究

3.4.1.1 贮藏条件对苜蓿干草捆贮藏期内 CP 变化影响的研究

（1）CP 含量与贮藏环境的交互效应分析。研究分析苜蓿干草捆中 CP 含量与贮藏期内温度和相对湿度之间的相关性，详细请见表 3.5。

表 3.5　苜蓿干草捆中 CP 含量与相对湿度和温度的相关性

Tab. 3.5　The correlation of CP content between relative humidity
and temperature in alfalfa hay bale

	Estimate	Std. Error	t value	Pr（>∣t∣）
Intercept	−20.2001	2.2256	−9.076	6.72E−15
temperature	−2.5984	0.1544	−16.8317	1.03E−31
humidity	1.6724	0.1105	15.1286	3.10E−28
I（temperature^2）	−0.0750	0.0054	−13.8054	1.99E−25
I（humidity^2）	−0.0192	0.0012	−15.4963	5.33E−29
temperature：humidity	0.0687	0.0041	16.5535	3.71E−31

经计算建立 x_1 与 x_2 的相关模型如下：

$$CP = -20.2001 - 2.5984x_1 + 1.6724x_2 + 0.0687x_1x_2 - 0.0750x_1^2 - 0.0192x_2^2,$$
$R^2 = 0.8764$

式中，x_1 代表温度、x_2 代表相对湿度。R^2 代表模型相关系数。

通过研究贮藏环境中温度和相对湿度与草捆中粗蛋白质含量的影响，得出温度和相对湿度与干草捆中粗蛋白质含量的互作效应三维图和等值线图，见图 3.18。

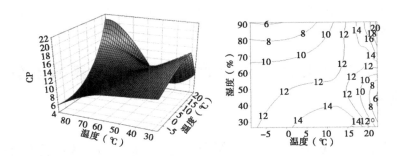

图 3.18　温度和相对湿度与草捆中粗蛋白质含量的互作效应三维图和等值线图

Fig. 3.18　The interaction effects of temperature and relative humidity on the
content of CP in the three-dimensional diagram and contour map

当温度较低时，CP 含量随着相对湿度的增加而减少；当相对湿度较低时，

CP 含量随着温度的增加呈现出先增加后降低的趋势。当温度较高时，CP 含量随着相对湿度的增加呈现出先下降后升高的趋势；当相对湿度较高时，CP 产量随着温度增加呈现出先上升后下降的趋势。

（2）粗蛋白质含量与贮藏时间的箱型分析和 TukeyHSD 函数检验。不同贮藏期内苜蓿干草捆中 CP 含量变化如箱形图 3.19 和 TukeyHSD 函数检验图 3.20 所示，苜蓿干草捆在贮藏 0~360d 期间内没有出现 CP 含量异常值，随贮藏期的延长，CP 的含量呈现出持续下降的现象。贮藏 60d 与贮藏 90d 的 CP 含量差异不显著（$P>0.05$），其他贮藏时间段内 CP 含量差异显著（$P<0.05$）。

贮藏 0d 时，CP 含量最高，为 19.92%DM。贮藏 10d 时，CP 含量为 18.7% DM，与贮藏 0d 时相比，CP 含量下降 1.22%DM。贮藏 30d 时，CP 含量为 17.31%DM，与贮藏 0d、10d 相比，CP 含量分别下降 2.61%DM 和 1.4%DM。贮藏 60d 时，CP 含量为 16.32%DM，与贮藏 0d、30d、10d 相比，CP 含量分别下降 3.6%DM、2.38%DM、0.99%DM。贮藏 90d 后，CP 含量急剧下降，CP 含量与贮藏 180d 和 360d 相比，分别高出 2.98%DM 和 4.32%DM。贮藏 360d 后，CP 含量与贮藏 0d 相比，下降 8.27%DM。

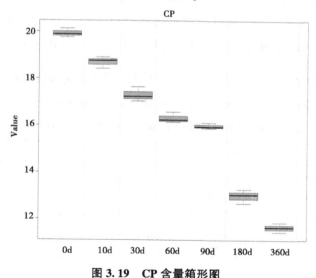

图 3.19　CP 含量箱形图

Fig. 3.19　CP content box plot

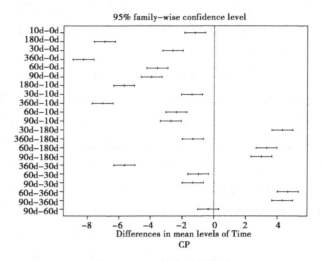

图 3.20 CP 杜奇函数检验

Fig. 3.20 CP tukey function test

3.4.1.2 贮藏条件对苜蓿干草捆贮藏期内 NDF 变化影响的研究

（1）NDF 含量与贮藏环境的交互效应分析。研究分析苜蓿干草捆中 NDF 含量与贮藏期内环境温度和相对湿度之间的相关性，详细请见表 3.6。

表 3.6 苜蓿干草捆中 NDF 含量与相对湿度和温度的相关性

Tab. 3.6 The correlation of NDF content between relative humidity and temperature in alfalfa hay bale

	Estimate	Std. Error	t value	Pr（>∣t∣）
（Intercept）	3.5134	4.3544	0.8069	0.42153
temperature	−2.2379	0.3020	−7.4093	3.22E−11
humidity	1.4515	0.2163	6.7111	9.81E−10
I（temperature^2）	−0.0755	0.0106	−7.1002	1.48E−10
I（humidity^2）	−0.0165	0.0024	−6.7892	6.73E−10
temperature：humidity	0.0609	0.0081	7.5013	2.04E−11

经计算建立 x_1 与 x_2 的统计模型如下：

NDF = 3.5134 − 2.2379x_1 + 1.4515x_2 + 0.0609$x_1 x_2$ − 0.0755x_1^2 − 0.0165x_2^2，R^2 = 0.5819

式中，x_1代表温度、x_2代表相对湿度。R^2代表模型相关系数。

通过研究贮藏环境中的温度和相对湿度对草捆中 NDF 含量的影响，得出温度和相对湿度与干草捆中 NDF 含量的互作效应三维图和等值线图，见图 3.21。

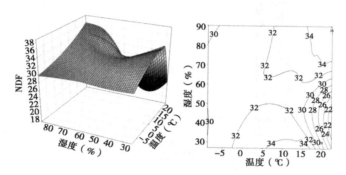

图 3.21   温度和相对湿度与草捆中 NDF 含量的互作效应三维图和等值线图

Fig. 3.21   The interaction effects of temperature and relative humidity on the content of NDF in the three-dimensional diagram and contour map

当温度较低时，NDF 含量随着相对湿度的增加基本没有发生变化；当相对湿度较低时，NDF 含量随着温度的增加呈现出先增加后降低的趋势。当温度较高时，NDF 含量随着相对湿度的增加呈现出先下降后升高的趋势；当相对湿度较高时，NDF 产量随着温度增加呈现出逐渐升高的趋势。

（2）中性洗涤纤维含量与贮藏时间的箱型分析和 TukeyHSD 函数检验。不同贮藏期内苜蓿干草捆中 NDF 含量变化如箱形图 3.22 和 TukeyHSD 函数检验图 3.23 所示，苜蓿干草捆在贮藏 0~360d 期间内没有出现 NDF 含量异常值。随贮藏期的延长，NDF 的含量呈现出持续下降的现象，贮藏 0d 与贮藏 10d、贮藏 10d 与贮藏 30d、贮藏 360d 与贮藏 180d、贮藏 60d 与贮藏 30d 含量差异不显著（$P>0.05$），其他贮藏时间段内 NDF 含量差异显著（$P<0.05$）。

贮藏 0d 时，NDF 含量最低，为 42.16%DM。贮藏 10d 时，NDF 含量为 42.64%DM，与贮藏 0d 时相比，NDF 含量上升 0.48%DM。贮藏 30d 时，NDF 含量为 43.14%DM，与贮藏 0d、10d 相比，NDF 含量分别升高 0.98%DM 和 0.5%DM。贮藏 60d 时，NDF 含量为 43.28%DM，与贮藏 0d、30d、10d 相比，

NDF 含量分别升高 1.12%DM、0.64%DM、0.14%DM。贮藏 90d、180d 和 360d 时，NDF 含量升高趋势明显，与贮藏 60d 相比，NDF 含量分别升高 1.09%DM、1.97%DM、2.25%DM。

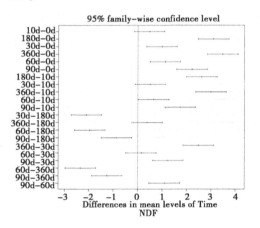

图 3.22　NDF 含量箱形图

Fig. 3.22　NDF content box plot

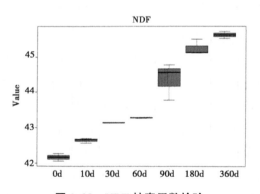

图 3.23　NDF 杜奇函数检验

Fig. 3.23　NDF tukey function test

3.4.1.3　贮藏条件对苜蓿干草捆贮藏期内 ADF 变化影响的研究

（1）ADF 含量与贮藏环境的交互效应分析。研究分析，苜蓿干草捆中 ADF 含量与贮藏期内环境温度和相对湿度之间的相关性，详细请见表 3.7。

表 3.7 苜蓿干草捆中 ADF 含量与相对湿度和温度的相关性

Tab. 3. 7 The correlation of ADF content between relative

humidity and temperature in alfalfa hay bale

	Estimate	Std. Error	t value	Pr (>| t |)
（Intercept）	9.625	5.7410	1.6766	0.096571
temperature	−2.462	0.3982	−6.1832	1.19E−08
humidity	1.6179	0.2851	5.6741	1.22E−07
I （temperature^2）	−0.0848	0.0140	−6.0475	2.24E−08
I （humidity^2）	−0.0185	0.0031	−5.7842	7.45E−08
temperature：humidity	0.0677	0.0107	6.3277	6.07E−09

经计算建立 x_1 与 x_2 的统计模型如下：

$$ADF = 9.625 - 2.4622x_1 + 1.6179x_2 + 0.0677x_1x_2 - 0.0848{x_1}^2 - 0.0185{x_2}^2,$$
$R^2 = 0.4601$

式中，x_1 代表温度、x_2 代表相对湿度。R^2 代表模型相关系数。

通过研究贮藏环境中的温度和相对湿度对草捆中 ADF 含量的影响，得出温度与相对湿度对草捆中 ADF 含量互作效应的三维图和等值线图，见图 3.24。

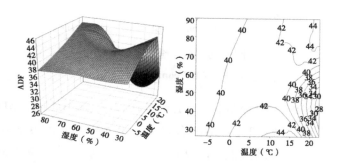

图 3.24 温度和相对湿度与草捆中酸性洗涤纤维含量的互作效应三维图和等值线图

Fig. 3. 24 The interaction effects of temperature and relative humidity on the content

of ADF in the three-dimensional diagram and contour map

当温度较低时，ADF 含量随着相对湿度的增加基本没有发生变化；当相对湿度较低时，ADF 含量随着温度的增加呈现出先增加后降低的趋势。当温度较高时，ADF 含量随着相对湿度的增加呈现出先下降后升高的趋势；当相对湿度较高时，ADF 产量随着温度增加呈现出逐渐升高的趋势。

（2）酸性洗涤纤维含量与贮藏时间的箱型分析和 TukeyHSD 函数检验。不同贮藏期内苜蓿干草捆中 ADF 含量变化如箱形图 3.25 和 TukeyHSD 函数杜奇检验图 3.26 所示，苜蓿干草捆在贮藏 0~360d 期间内没有出现 ADF 含量异常值。随贮藏期的延长，ADF 的含量呈现出持续升高的现象，不同时间段内干草捆之间 ADF 含量含量差异显著（$P<0.05$）。

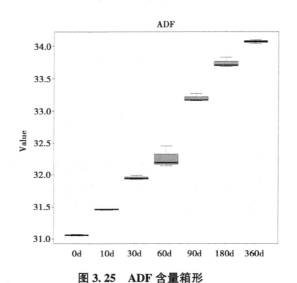

图 3.25　ADF 含量箱形

Fig. 3.25　ADF content box plot

贮藏 0d 时，ADF 含量最低，为 31.06%DM。贮藏 10d 时，ADF 含量为 31.46%DM，与贮藏 0d 时相比，ADF 含量上升 0.4%DM。贮藏 30d 时，ADF 含量为 31.95%DM，与贮藏 0d、10d 相比，ADF 含量分别升高 0.89%DM 和 0.49%DM。贮藏 60d 时，ADF 含量为 32.26%DM，与贮藏 0d、10d、30d 相比，ADF 含量分别升高 1.2%DM、0.8%DM、0.31%DM。贮藏 90d、180d 和 360d 时，ADF 含量升高趋势明显，与贮藏 60d 相比，ADF 含量分别升高 1.06%DM、1.48%DM、1.81%DM。

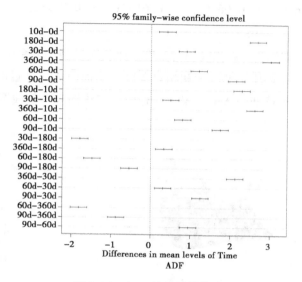

图 3.26 ADF 杜奇函数检验

Fig. 3.26 ADF tukey function test

3.4.1.4 贮藏条件对苜蓿干草捆贮藏期内 Ash 变化影响的研究

（1）Ash 含量与贮藏环境的交互效应分析。研究分析，苜蓿干草捆中 Ash 含量与贮藏期内环境温度和相对湿度之间的相关性，详细见表 3.8。

表 3.8 苜蓿干草捆中 Ash 含量与相对湿度和温度的相关性

**Tab. 3.8 The correlation of Ash content between relative
humidity and temperature in alfalfa hay bale**

	Estimate	Std. Error	t value	Pr（>｜t｜）
（Intercept）	53.1314	1.4262	37.2550	1.01E−62
temperature	−2.7219	0.0989	−27.5152	4.43E−50
humidity	1.8113	0.0708	25.5708	3.82E−47
I（temperature^2）	−0.0910	0.0035	−28.7096	8.31E−52
I（humidity^2）	−0.0206	0.0008	−25.9180	1.11E−47
temperature：humidity	0.0762	0.0027	28.6640	9.65E−52

经计算建立 x_1 与 x_2 的统计模型如下：

Ash = 22.6506 + 0.9875x_1 − 0.6193x_2 − 0.0293x_1x_2 − 0.0447x_1^2 − 0.0072x_2^2，R^2 = 0.6508

式中，x_1代表温度、x_2代表相对湿度。R^2代表模型相关系数。

通过研究贮藏环境中的温度和相对湿度与草捆中 Ash 含量的影响，得出温度和相对湿度与干草捆中 Ash 含量的互作效应三维图和等值线图，见图 3.27。

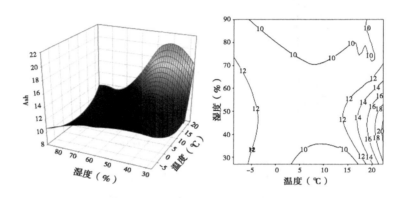

图 3.27　温度和相对湿度与草捆中粗灰分含量的互作效应三维图和等值线图

Fig. 3.27　The interaction effects of temperature and relative humidity on the content of Ash in the three-dimensional diagram and contour map

当温度较低时，灰分含量随着相对湿度的增加逐渐降低，但是降低趋势不明显；当相对湿度较低时，灰分含量随着温度的增加呈现出先下降后升高的趋势。当温度较高时，灰分含量随着相对湿度的增加呈现出先上升后下降的趋势；当相对湿度较高时，灰分含量随着温度增加变化不明显。

（2）粗灰分含量与贮藏时间的箱型分析和 TukeyHSD 函数检验。不同贮藏期内苜蓿干草捆中 Ash 含量变化如箱形图 3.28 和 TukeyHSD 函数检验图 3.29 所示，苜蓿干草捆在贮藏 0～360d 期间内没有出现 Ash 含量异常值。随贮藏期的延长，Ash 的含量呈现出持续升高的现象，不同时间段内干草捆之间 Ash 含量含量差异显著（$P<0.05$）。

贮藏 0d 时，Ash 含量最低，为 11.02% DM。贮藏 10d 时，Ash 含量为 11.05%DM，与贮藏 0d 时相比，Ash 含量上升 0.3%DM。贮藏 30d 时，Ash 含量为 11.22%DM，与贮藏 0d、10d 相比，Ash 含量分别升高 0.2%DM 和 0.17%

DM。贮藏 60d 时，Ash 含量为 11.34%DM，与贮藏 0d、10d、30d 相比，Ash 含量分别升高 0.32%DM、0.29%DM、0.12%DM。贮藏 90d、180d 和 360d 时，Ash 含量呈升高趋势，与贮藏 60d 相比，Ash 含量分别升高 0.18%DM、0.33%DM、0.38%DM。

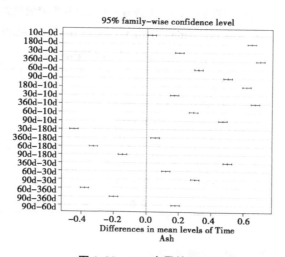

图 3.28 Ash 含量箱形图

Fig. 3.28 Ash content box plot

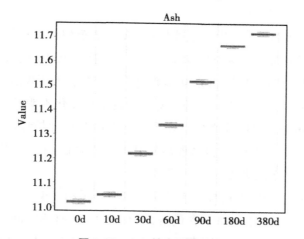

图 3.29 Ash 杜奇函数检验

Fig. 3.29 Ash tukey function test

3.4.1.5　贮藏条件对苜蓿干草捆贮藏期内 RFV 变化影响的研究

（1）RFV 含量与贮藏环境的交互效应分析。研究分析，苜蓿干草捆中 RFV 含量与贮藏期内环境温度和相对湿度之间的相关性，详细见表 3.9。

表 3.9　苜蓿干草捆中 RFV 含量与相对湿度和温度的相关性

Tab. 3. 9　The correlation of RFV content between relative

humidity and temperature in alfalfa hay bale

	Estimate	Std. Error	t value	Pr（>｜t｜）
（Intercept）	−11. 3583	14. 0621	−0. 8077	0. 421058
temperature	−7. 1322	0. 9754	−7. 3121	5. 22E−11
humidity	5. 1538	0. 6984	7. 3789	3. 75E−11
I（temperature^2）	−0. 1540	0. 0343	−4. 4839	1. 86E−05
I（humidity^2）	−0. 0561	0. 0078	−7. 1627	1. 09E−10
temperature：humidity	0. 1800	0. 0262	6. 8648	4. 67E−10

经计算建立 x_1 与 x_2 的统计模型如下：

$$RFV = -11.3583 - 7.1322x_1 + 5.1538x_2 + 0.1800x_1x_2 - 0.1540x_1{}^2 - 0.0561x_2{}^2,\ R^2 = 0.7796$$

式中，x_1 代表温度、x_2 代表相对湿度。R^2 代表模型相关系数。

通过研究贮藏环境中的温度和相对湿度对草捆中 RFV 含量的影响，得出温度和相对湿度与草捆中 RFV 含量互作效应的三维图和等值线图，见图 3.30。

当温度较低时，RFV 含量随着相对湿度的增加变化不明显；当相对湿度较低时，RFV 含量随着温度的增加呈现出先下降后升高的趋势。当温度较高时，RFV 含量随着相对湿度的增加呈现出先升高后下降的趋势；当相对湿度较高时，RFV 含量随着温度增加变化不明显。

（2）相对饲用价值含量与贮藏时间的箱型分析和 TukeyHSD 函数检验。不同贮藏期内苜蓿干草捆中 RFV 含量变化如箱形图 3.31 和 TukeyHSD 函数检验图 3.32 所示，苜蓿干草捆在贮藏 0~360d 期间内没有出现 RFV 含量异常值。随贮藏期的延长，RFV 的含量呈现出持续下降的现象，不同时间段内干草捆之间 RFV 含量差异显著（$P<0.05$）。

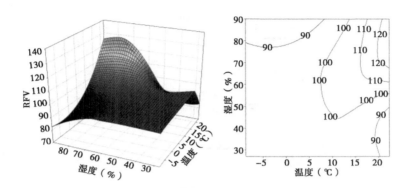

图 3.30　温度和相对湿度与草捆中相对饲用价值含量的互作效应三维图和等值线图

Fig. 3. 30　The interaction effects of temperature and relative humidity on the content of RFV in the three-dimensional diagram and contour map

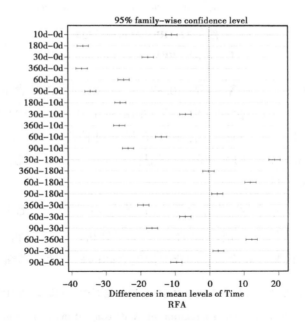

图 3.31　RFV 含量箱形图

Fig. 3. 31　RFVcontent box plot

贮藏 0d 时，RFV 含量最高，为 136.82。贮藏 10d 时，RFV 含量为 125.95，

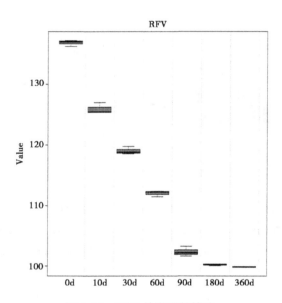

图 3.32　RFV 杜奇函数检验

Fig. 3.32　RFV tukey function test

与贮藏 0d 时相比，RFV 含量下降 10.87。贮藏 30d 时，RFV 含量为 119.04，与贮藏 0d、10d 相比，RFV 含量分别下降 17.78 和 6.91。贮藏 60d 时，RFV 含量为 112，与贮藏 0d、10d、30d 相比，RFV 含量分别下降 24.82、13.95、7.04。贮藏 90d、180d 和 360d 时，RFV 含量呈降低趋势，与贮藏 60d 相比，RFV 含量分别升高 9.65、11.85、12.17。

3.4.1.6　贮藏条件对苜蓿干草捆贮藏期内 WSC 变化影响的研究

（1）WSC 含量与贮藏环境的交互效应分析。研究分析，苜蓿干草捆中 WSC 含量与贮藏期内环境温度和相对湿度之间的相关性，详细见表 3.10。

表 3.10　苜蓿干草捆中 WSC 含量与相对湿度和温度的相关性

Tab. 3.10　The correlation of WSC content between relative humidity and temperature in alfalfa hay bale.

	Estimate	Std. Error	t value	Pr（>｜t｜）
（Intercept）	−19.5602	1.4314	−13.6642	4.02E−25

（续表）

	Estimate	Std. Error	t value	Pr（>∣t∣）
temperature	−1.9530	0.0992	−19.6699	3.67E−37
humidity	1.2931	0.0711	18.1882	2.25E−34
I（temperature^2）	−0.0612	0.0034	−17.5148	4.57E−33
I（humidity^2）	−0.0147	0.0007	−18.4788	6.26E−35
temperature：humidity	0.0526	0.0026	19.7168	3.01E−37

经计算建立 x_1 与 x_2 的统计模型如下：

$$WSC = -19.5602 - 1.9530x_1 + 1.2931x_2 + 0.0526x_1x_2 - 0.0612x_1^2 - 0.0147x_2^2, \quad R^2 = 0.9043$$

式中，x_1 代表温度、x_2 代表相对湿度。R^2 代表模型相关系数。

通过研究贮藏环境中的温度和相对湿度与草捆中 WSC 含量的影响，得出温度和相对湿度与草捆中 WSC 含量互作效应的三维图和等值线图，见图 3.33。

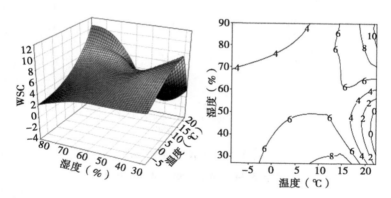

图 3.33　温度和相对湿度与草捆中可溶性碳水化合物含量的互作效应三维图和等值线图

Fig. 3.33　The interaction effects of temperature and relative humidity on the content of WSC in the three-dimensional diagram and contour map

当温度较低时，WSC 含量随着相对湿度的增加发生下降，但下降趋势不显著；当相对湿度较低时，WSC 含量随着温度的增加呈现出先上升后下降的趋势。当温度较高时，WSC 含量随着相对湿度的增加呈现出先下降后升高的趋势；当相对湿度较高时，WSC 含量随着温度增加而升高。

（2）可溶性碳水化合物含量与贮藏时间的箱型分析和 TukeyHSD 函数检验。不同贮藏期内苜蓿干草捆中 WSC 含量变化如箱形图 3.34 和 TukeyHSD 函数检验图 3.35 所示，苜蓿干草捆在贮藏 0~360d 期间内没有出现 WSC 含量异常值。随贮藏期的延长，WSC 的含量呈现出持续下降的现象，不同时间段内干草捆之间 WSC 含量差异显著（$P<0.05$）。

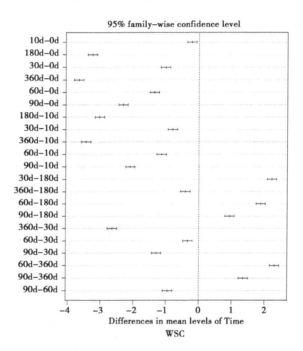

图 3.34 WSC 含量箱形图

Fig. 3.34 WSC content box plot

贮藏 0d 时，WSC 含量最高，为 8.24DM%。贮藏 10d 时，WSC 含量为 8.02DM%，与贮藏 0d 时相比，WSC 含量下降 0.22DM%。贮藏 30d 时，WSC 含量为 7.22DM%，与贮藏 0d、10d 相比，WSC 含量分别下降 1.02DM% 和 0.8DM%。贮藏 60d 时，WSC 含量为 6.88DM%，与贮藏 0d、10d、30d 相比，WSC 含量分别下降 1.36DM%、1.14DM%、0.34DM%。贮藏 90d、180d 和 360d 时，WSC 含量呈降低趋势，与贮藏 60d 相比，WSC 含量分别下降 0.95DM%、1.89DM%、2.31DM%。

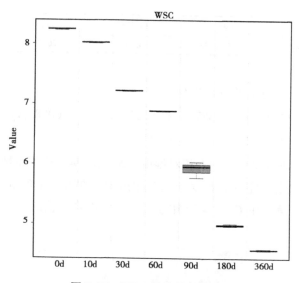

图 3.35 WSC 杜奇函数检验

Fig. 3.35 WSC tukey function test

3.4.2 贮藏条件对苜蓿干草捆贮藏期内矿物质含量变化影响的研究

3.4.2.1 贮藏条件对苜蓿干草捆贮藏期内 Ca 变化影响的研究

（1）Ca 含量与贮藏环境的交互效应分析。研究分析，苜蓿干草捆中 Ca 含量与贮藏期内环境温度和相对湿度之间的相关性，详细见表 3.11。

表 3.11 苜蓿干草捆中 Ca 含量与相对湿度和温度的相关性

Tab. 3.11 The correlation of Ca content between and relative
humidity and temperature in alfalfa hay bale

	Estimate	Std. Error	t value	Pr（>│t│）
（Intercept）	−4.9709	0.20100	−24.73	7.99E−46
Temperature	−0.3887	0.0139	−27.8815	1.29E−50
Humidity	0.2591	0.0099	25.9615	9.54E−48
I（temperature^2）	−0.0099	0.0004	−20.3049	2.55E−38
I（humidity^2）	−0.0028	0.0001	−25.7647	1.92E−47

（续表）

	Estimate	Std. Error	t value	Pr （>｜t｜）
temperature：humidity	0.0098	0.0003	26.24955	3.46E-48

经计算建立 x_1 与 x_2 的统计模型如下：

Ca $= -4.9709 - 0.3887x_1 + 0.2591x_2 + 0.0098x_1x_2 - 0.0099x_1{}^2 - 0.0028x_2{}^2$，$R^2 = 0.9548$

式中，x_1 代表温度、x_2 代表相对湿度。R^2 代表模型相关系数。

通过研究贮藏环境中的温度和相对湿度对草捆中 Ca 含量的影响，得出温度和相对湿度与草捆中 Ca 含量互作效应的三维图和等值线图，见图 3.36。

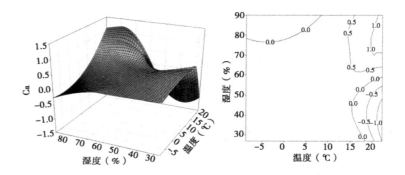

图 3.36 温度和相对湿度与草捆中钙含量的互作效应三维图和等值线图

Fig. 3.36 The interaction effects of temperature and relative humidity on the content of Ca in the three-dimensional diagram and contour map

当温度较低时，Ca 含量随着相对湿度的增加其变化趋势不明显；当相对湿度较低时，Ca 含量随着温度的增加呈现出先增加后降低的趋势。当温度较高时，Ca 含量随着相对湿度的增加呈现出先下降后升高的趋势；当相对湿度较高时，Ca 产量随着温度增加呈现出先上升的趋势。

（2）钙含量与贮藏时间的箱型分析和 TukeyHSD 函数检验。不同贮藏期内苜蓿干草捆中 Ca 含量变化如箱形图 3.37 和 TukeyHSD 函数检验图 3.38 所示，苜蓿干草捆在贮藏 0~360d 期间内没有出现 Ca 含量异常值。随贮藏期的延长，Ca 的含量呈现出持续下降的现象，不同贮藏时间段的干草捆之间 Ca 含量差异显著（$P<0.05$）。

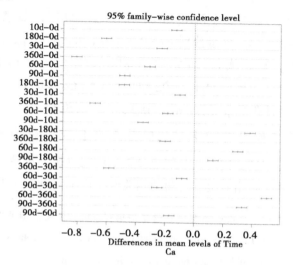

图 3.37　Ca 含量箱形图

Fig. 3. 37　Ca content box plot

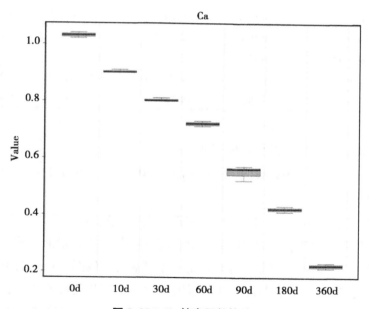

图 3.38　Ca 杜奇函数检验

Fig. 3. 38　Ca tukey function test

贮藏 0d 时，Ca 含量最高，为 1.03DM%。贮藏 10d 时，Ca 含量为 0.9DM%，与贮藏 0d 时相比，Ca 含量下降 0.13DM%。贮藏 30d 时，Ca 含量为 0.8DM%，与贮藏 0d、10d 相比，Ca 含量分别下降 0.23DM% 和 0.1DM%。贮藏 60d 时，Ca 含量为 0.72DM%，与贮藏 0d、10d、30d 相比，Ca 含量分别下降 0.31DM%、0.18DM%、0.08DM%。贮藏 90d、180d 和 360d 时，Ca 含量呈降低趋势，与贮藏 60d 相比，Ca 含量分别下降 0.17DM%、0.3DM%、0.5DM%。

3.4.2.2 贮藏条件对苜蓿干草捆贮藏期内 P 变化影响的研究

（1）P 含量与贮藏环境的交互效应分析。研究分析，苜蓿干草捆中 P 含量与贮藏期内环境温度和相对湿度之间的相关性，详细请见表 3.12。

表 3.12 苜蓿干草捆中 P 含量与相对湿度和温度的相关性

Tab. 3.12 The correlation of P content between relative humidity and temperature in alfalfa hay bale

	Estimate	Std. Error	t value	Pr（>∣t∣）
（Intercept）	−0.9569	0.0494	−19.3481	1.45E−36
Temperature	−0.0828	0.0034	−24.1517	6.75E−45
Humidity	0.0534	0.0024	21.74251	7.26E−41
I（temperature^2）	−0.0023	0.0001	−19.8159	1.98E−37
I（humidity^2）	−0.0006	2.75E−05	−21.7795	6.27E−41
temperature：humidity	0.0021	9.22E−05	23.3460	1.40E−43

经计算建立 x_1 与 x_2 的统计模型如下：

$P = -0.9569 - 0.0828x_1 + 0.0534x_2 + 0.0021x_1 x_2 - 0.0023x_1^2 - 0.0005x_2^2$，$R^2 = 0.9379$

式中，x_1 代表温度、x_2 代表相对湿度。R^2 代表模型相关系数。

通过研究贮藏环境中的温度和相对湿度对草捆中 P 含量的影响，得出温度和相对湿度与草捆中 P 含量互作效应的三维图和等值线图，见图 3.39。

当温度较低时，P 含量随着相对湿度的增加其变化趋势不明显；当相对湿度较低时，P 含量随着温度的增加呈现出先增加后降低的趋势。当温度较高时，P 含量随着相对湿度的增加呈现出先下降后升高的趋势；当相对湿度较高

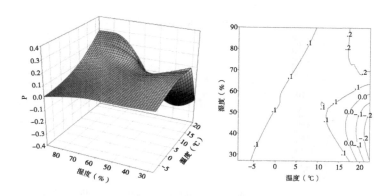

图 3.39   温度和相对湿度与草捆中磷含量的互作效应三维图和等值线图

Fig. 3. 39   The interaction effects of temperature and relative humidity on the content of P in the three-dimensional diagram and contour map

时，P 产量随着温度增加呈现出先上升的趋势。

（2）磷含量与贮藏时间的箱型分析和 TukeyHSD 函数检验。不同贮藏期内苜蓿干草捆中 P 含量变化如箱形图 3.40 和 TukeyHSD 函数检验图 3.41 所示，苜蓿干草捆在贮藏 0~360d 期间内没有出现 P 含量异常值。随贮藏期的延长，P 的含量呈现出持续下降的现象，贮藏 60d 与贮藏 90d 的草捆中 P 含量差异不显著，（$P>0.05$）。其他不同时间段内干草捆之间 P 含量差异显著（$P<0.05$）。

贮藏 0d 时，P 含量最高，为 0.32DM%。贮藏 10d 时，P 含量为 0.22DM%，与贮藏 0d 时相比，P 含量下降 0.1DM%。贮藏 30d 时，P 含量为 0.21DM%，与贮藏 0d、10d 相比，P 含量分别下降 0.11DM% 和 0.01DM%。贮藏 60d 时，P 含量为 0.17DM%，与贮藏 0d、10d、30d 相比，P 含量分别下降 0.15DM%、0.05DM%、0.04DM%。贮藏 90d、180d 和 360d 时，P 含量呈降低趋势，与贮藏 60d 相比，P 含量分别下降 0.04DM%、0.09DM%、0.07DM%。

3.4.2.3   贮藏条件对苜蓿干草捆贮藏期内 Mg 含量变化影响的研究

（1）Mg 含量与贮藏环境的交互效应分析。研究分析，苜蓿干草捆中 Mg 含量与贮藏期内环境温度和相对湿度之间的相关性，详细请见表 3.13。

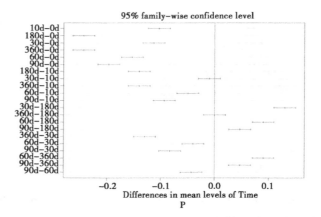

图 3.40　P 含量箱形图

Fig. 3. 40　P content box plot

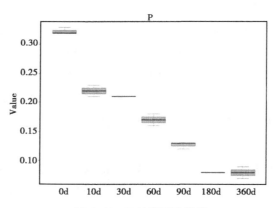

图 3.41　P 杜奇函数检验

Fig. 3. 41　P tukey function test

表 3.13　苜蓿干草捆中 Mg 含量与相对湿度和温度的相关性

Tab. 3. 13　The correlation of Mg content between relative humidity and temperature in alfalfa hay bale

	Estimate	Std. Error	t value	Pr (> I t I)
(Intercept)	−0. 6876	0. 0451	−15. 2419	1. 80E−28
Temperature	−0. 0704	0. 0031	−22. 5016	3. 63E−42

（续表）

	Estimate	Std. Error	t value	Pr（>丨t丨）
Humidity	0.0440	0.0022	19.6706	3.66E-37
I（temperature^2）	-0.0023	0.0001	-21.1002	9.66E-40
I（humidity^2）	-0.0005	2.51E-05	-20.6086	7.23E-39
temperature：humidity	0.0019	8.41E-05	23.23864	2.11E-43

经计算建立 x_1 与 x_2 的统计模型如下：

$Mg = -0.6876 - 0.0704x_1 + 0.0440x_2 + 0.0019x_1x_2 - 0.0023x_1^2 -$
$0.0005x_2^2$，$R^2 = 0.9361$

式中，x_1 代表温度、x_2 代表相对湿度。R^2 代表模型相关系数。

通过研究贮藏环境中的温度和相对湿度对草捆中 Mg 含量的影响，得出温度和相对湿度与草捆中 Mg 含量互作效应的三维图和等值线图，见图3.42。

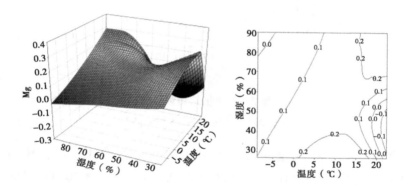

图3.42 温度和相对湿度与草捆中镁含量的互作效应三维图和等值线图

Fig. 3.42 The interaction effects of temperature and relative humidity on the content of Mg in the three-dimensional diagram and contour map

当温度较低时，Mg 含量随着相对湿度的增加其变化趋势不明显；当相对湿度较低时，Mg 含量随着温度的增加呈现出先增加后降低的趋势。当温度较高时，Mg 含量随着相对湿度的增加呈现出先下降后升高的趋势；当相对湿度较高时，Mg 产量随着温度增加呈现出先上升的趋势。

（2）镁含量与贮藏时间的箱型分析和 TukeyHSD 函数检验。不同贮藏期内苜蓿干草捆中 Mg 含量变化如箱形图 3.43 和 TukeyHSD 函数检验图 3.44 所示，苜蓿干草捆在贮藏 0~360d 期间内没有出现 Mg 含量异常值。随贮藏期的延长，Mg 的含量呈现出持续下降的现象，贮藏 30d 和贮藏 10d 草捆中 Mg 含量差异不显著（$P>0.05$）。贮藏期内不同时间段干草捆之间 Mg 含量差异显著（$P<0.05$）。

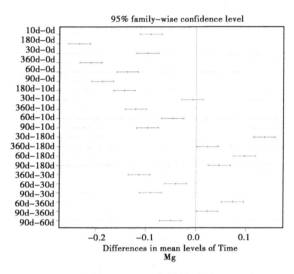

图 3.43　Mg 含量箱形图

Fig. 3.43　Mg content box plot

贮藏 0d 时，Mg 含量最高，为 0.31DM%。贮藏 10d 时，Mg 含量为 0.22DM%，与贮藏 0d 时相比，Mg 含量下降 0.1DM%。贮藏 30d 时，Mg 含量为 0.21DM%，与贮藏 0d、10d 相比，Mg 含量分别下降 0.11DM% 和 0.01DM%。贮藏 60d 时，Mg 含量为 0.17DM%，与贮藏 1d、10d、30d 相比，Mg 含量分别下降 0.15DM%、0.05DM%、0.04DM%。贮藏 90d、180d 和 360d 时，Mg 含量呈降低趋势，与贮藏 60d 相比，Mg 含量分别下降 0.05DM%、0.07DM%、0.09DM%。

3.4.2.4　贮藏条件对苜蓿干草捆贮藏期内 K 含量变化影响的研究

（1）K 含量与贮藏环境的交互效应分析。研究分析，苜蓿干草捆中 K 含量与贮藏期内环境温度和相对湿度之间的相关性，详细见表 3.14。

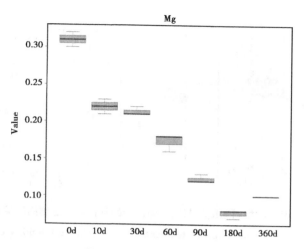

图 3.44 Mg 杜奇函数检验

Fig. 3.44 Mg tukey function test

表 3.14 苜蓿干草捆中 K 含量与相对湿度和温度的相关性

Tab. 3.14 The correlation of K content between relative humidity and temperature in alfalfa hay bale

	Estimate	Std. Error	t value	Pr（>｜t｜）
（Intercept）	−7.6270	0.6693	−11.3947	4.05E−20
temperature	−0.6084	0.0464	−13.1047	6.59E−24
humidity	0.4126	0.0332	12.4131	2.18E−22
I（temperature^2）	−0.0139	0.0016	−8.5192	1.18E−13
I（humidity^2）	−0.0045	0.0003	−12.143	8.67E−22
temperature：humidity	0.0147	0.0012	11.8461	3.96E−21

经计算建立 x_1 与 x_2 的统计模型如下：

$$K = -7.6270 - 0.6084x_1 + 0.4126x_2 + 0.0147x_1x_2 - 0.01391x_1^2 - 0.0045x_2^2,$$
$R^2 = 0.8014$

式中，x_1 代表温度、x_2 代表相对湿度。R^2 代表模型相关系数。

通过研究贮藏环境中的温度和相对湿度对草捆中 K 含量的影响，得出温度和相对湿度与草捆中 K 含量互作效应的三维图和等值线图，见图 3.45。

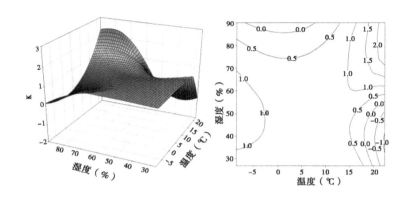

图 3.45　温度和相对湿度与草捆中钾含量的互作效应三维图和等值线图

Fig. 3. 45　The interaction effects of temperature and relative humidity on the content

of K in the three-dimensional diagram and contour map

当温度较低时，K 含量随着相对湿度的增加呈现出逐渐下降的趋势；当相对湿度较低时，K 含量随着温度的增加呈现出逐渐下降的趋势。当温度较高时，K 含量随着相对湿度的增加呈现出先下降后升高的趋势；当相对湿度较高时，K 产量随着温度增加呈现出先下降后升高的趋势。

（2）钾含量与贮藏时间的箱型分析和 TukeyHSD 函数检验。不同贮藏期内苜蓿干草捆中 K 含量变化如箱形图 3.46 和 TukeyHSD 函数检验图 3.47 所示，苜蓿干草捆在贮藏 0~360d 期间内没有出现 K 含量异常值。随贮藏期的延长，K 的含量呈现出持续下降的现象，贮藏不同时间段干草捆之间 K 含量差异显著（$P<0.05$）。

贮藏 0d 时，K 含量最高，为 2.84DM%。贮藏 10d 时，K 含量为 2.62DM%，与贮藏 0d 时相比，K 含量下降 0.22DM%。贮藏 30d 时，K 含量为 2.52DM%，与贮藏 0d、10d 相比，K 含量分别下降 0.32DM% 和 0.1DM%。贮藏 60d 时，K 含量为 2.26DM%，与贮藏 0d、10d、30d 相比，K 含量分别下降 0.58DM%、0.36DM%、0.26DM%。贮藏 90d、180d 和 360d 时，K 含量呈降低趋势，与贮藏 60d 相比，K 含量分别下降 0.54DM%、0.73DM%、1.04DM%。

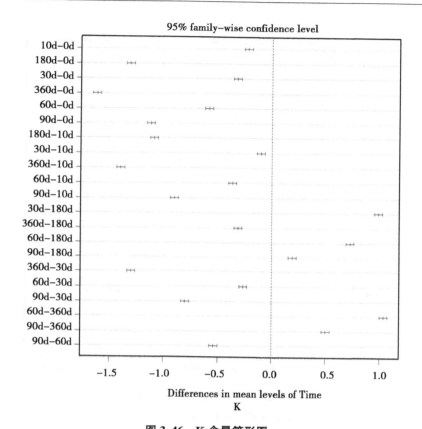

图 3.46 K 含量箱形图

Fig. 3.46 K content box plot

3.4.3 贮藏条件对苜蓿干草捆贮藏期内氨基酸含量变化影响的研究

3.4.3.1 贮藏条件对苜蓿干草捆贮藏期内 Methionine 变化影响的研究

（1）Methionine 与贮藏环境的交互效应分析。研究分析，苜蓿干草捆中 Methionine 含量与贮藏期内环境温度和相对湿度之间的相关性，详细请见表 3.15。

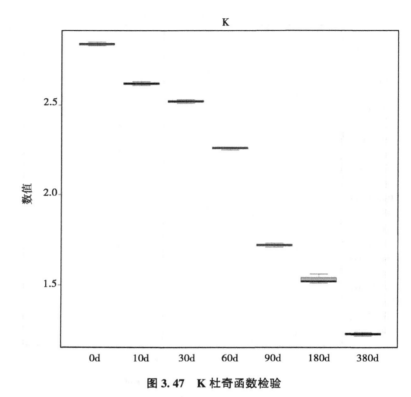

图 3.47　K 杜奇函数检验

Fig. 3.47　K tukey function test

表 3.15　苜蓿干草捆中 Methionine 含量与相对湿度和温度的相关性

Tab. 3.15　Thecorrelation of Methionine content between relative humidity and temperature in alfalfa hay bale. ative humidity and temperature in alfalfa hay bale

	Estimate	Std. Error	t value	Pr（>｜t｜）
（Intercept）	−1.1729	0.0383	−30.6139	1.90E−54
temperature	−0.0899	0.0026	−33.8269	1.28E−58
humidity	0.0621	0.0019	32.6624	3.80E−57
I（temperature^2）	−0.0024	9.36E−05	−26.5134	1.38E−48
I（humidity^2）	−0.0006	2.13E−05	−32.3812	8.75E−57
temperature：humidity	0.0023	7.14E−05	32.6475	3.97E−57

经计算建立 x_1 与 x_2 的统计模型如下：

Methionine $= -1.1729 - 0.0898x_1 + 0.0621x_2 + 0.0023x_1x_2 - 0.0024x_1{}^2 - 0.0006x_2{}^2$，$R^2 = 0.9693$

式中，x_1 代表温度、x_2 代表相对湿度。R^2 代表模型相关系数。

通过研究贮藏环境中的温度和相对湿度对草捆中 Methionine 含量的影响，得出温度和相对湿度与草捆中 Methionine 含量互作效应的三维图和等值线图，见图 3.48。

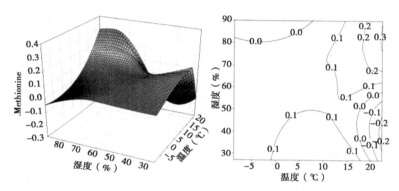

图 3.48 温度和相对湿度与草捆中蛋氨酸含量的互作效应三维图和等值线图

Fig. 3.48 The interaction effects of temperature and relative humidity on the content of Methionine in the three-dimensional diagram and contour map

当温度较低时，Methionine 含量随着相对湿度的增加呈现出逐渐下降的趋势；当相对湿度较低时，Methionine 含量随着温度的增加呈现出先上升后下降的趋势。当温度较高时，Methionine 含量随着相对湿度的增加呈现出先下降后升高的趋势；当相对湿度较高时，Methionine 含量随着温度增加呈现出逐渐升高的趋势。

（2）蛋氨酸含量与贮藏时间的箱型分析和 TukeyHSD 函数检验。不同贮藏期内苜蓿干草捆中 Methionine 含量变化如箱形图 3.49 和 TukeyHSD 函数检验图 3.50 所示，干草捆在贮藏 0~360d 期间内没有出现 Methionine 含量异常值。随贮藏期的延长，Methionine 的含量呈现出持续下降的现象，贮藏 360 与贮藏 180d Methionine 含量差异不显著（$P>0.05$）。贮藏不同时间段干草捆之间 Methionine 含量差异显著（$P<0.05$）。

贮藏 0d 时，Methionine 含量最高，为 0.33DM%。贮藏 10d 时，Methionine 含量为 0.29DM%，与贮藏 0d 时相比，Methionine 含量下降 0.04DM%。贮藏 30d 时，Methionine 含量为 0.25DM%，与贮藏 0d、10d 相比，Methionine 含量分别下降 0.08DM% 和 0.04DM%。贮藏 60d 时，Methionine 含量为 0.21DM%，与贮藏 0d、10d、30d 相比，Methionine 含量分别下降 0.12DM%、0.08DM%、0.04DM%。贮藏 90d、180d 和 360d 时，Methionine 含量呈降低趋势，与贮藏 60d 相比，Methionine 含量分别下降 0.05DM%、0.12DM%、0.14DM%。

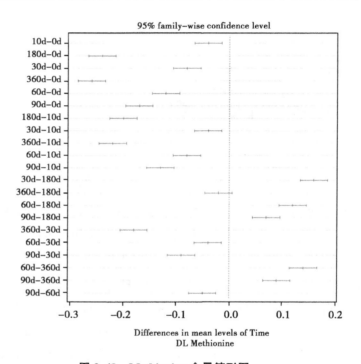

图 3.49　Methionine 含量箱形图

Fig. 3.49　Methionine content box plot

3.4.3.2　贮藏条件对苜蓿干草捆贮藏期内 Lysine 变化影响的研究

（1）Lysine 与贮藏环境交互效应分析。研究分析，苜蓿干草捆中 Lysine 含量与贮藏期内环境温度和相对湿度之间的相关性，详细请见表 3.16。

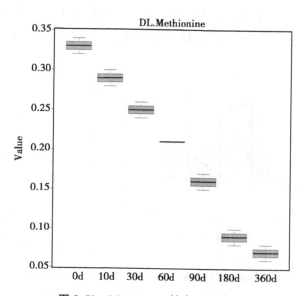

图 3.50　Methionine 杜奇函数检验

Fig. 3.50　Methionine tukey function test

表 3.16　苜蓿干草捆中 Lysine 含量与相对湿度和温度的相关性

Tab. 3.16　The correlation of Lysine content between relative

humidity and temperature in alfalfa hay bale

	Estimate	Std. Error	t value	Pr（>|t|）
（Intercept）	−3.8964	0.2209	−17.6332	2.68E−33
temperature	−0.3048	0.0153	−19.8864	1.47E−37
humidity	0.2073	0.0109	18.8933	1.03E−35
I（temperature^2）	−0.0072	0.0005	−13.4956	9.30E−25
I（humidity^2）	−0.0022	0.0001	−18.6241	3.31E−35
temperature：humidity	0.0075	0.0004	18.3953	9.04E−35

经计算建立 x_1 与 x_2 的统计模型如下：

Lysine $= -3.896 - 0.3048x_1 + 0.2073x_2 + 0.0075x_1x_2 - 0.007x_1^2 - 0.0022x_2^2$，$R^2 = 0.9150$

式中，x_1 代表温度、x_2 代表相对湿度。R^2 代表模型相关系数。

通过研究贮藏环境中的温度和相对湿度对草捆中 Lysine 含量的影响，得出温度和相对湿度与草捆中赖氨酸含量互作效应的三维图和等值线图，见图 3.51。

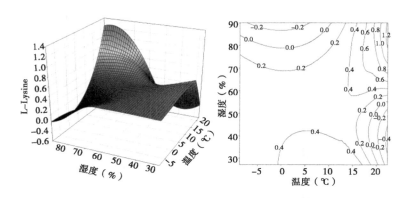

图 3.51　温度和相对湿度与草捆中赖氨酸含量的互作效应三维图和等值线图

Fig. 3.51　The interaction effects of temperature and relative humidity on the content of Lysine in the three-dimensional diagram and contour map

当温度较低时，Lysine 含量随着相对湿度的增加呈现出逐渐下降的趋势；当相对湿度较低时，Lysine 含量随着温度的增加呈现出先上升后下降的趋势。当温度较高时，Lysine 含量随着相对湿度的增加呈现出先下降后升高的趋势；当相对湿度较高时，Lysine 含量随着温度增加呈现出逐渐升高的趋势。

（2）赖氨酸含量与贮藏时间的箱型分析和 TukeyHSD 函数检验。不同贮藏期内苜蓿干草捆中 Lysine 含量变化如箱形图 3.52 和 TukeyHSD 函数检验图 3.53 所示，苜草捆在贮藏 0~360d 期间内没有出现 Lysine 含量异常值。随贮藏期的延长，Lysine 的含量呈现出持续下降的现象。贮藏不同时间段干草捆之间 Lysine 含量差异显著（$P<0.05$）。

贮藏 0d 时，Lysine 含量最高，为 1.38DM%。贮藏 10d 时，Lysine 含量为 1.19DM%，与贮藏 0d 时相比，Lysine 含量下降 0.19DM%。贮藏 30d 时，Lysine 含量为 0.92DM%，与贮藏 0d、10d 相比，Lysine 含量分别下降 0.46DM%和 0.27DM%。贮藏 60d 时，Lysine 含量为 0.78DM%，与贮藏 0d、10d、30d 相比，Lysine 含量分别下降 0.6DM%、0.41DM%、0.14DM%。贮藏 90d、180d 和 360d 时，Lysine 含量呈降低趋势，与贮藏 60d 相比，Lysine 含量

分别下降 0.25DM%、0.36DM%、0.45DM%。

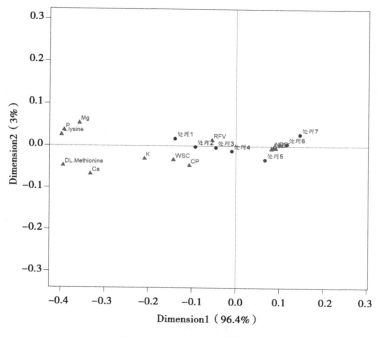

图 3.52　Lysine 含量箱形图

Fig. 3.52　Lysine content box plot

3.4.4　苜蓿干草捆贮藏期内常规营养指标、矿物质元素和氨基酸的对应分析

3.4.4.1　苜蓿干草捆的特征向量分析

苜蓿干草捆特征向量的分析结果见表 3.17，第一坐标、第二坐标为 7 种贮藏时间段的苜蓿干草捆在两个公因子上的载荷，其中处理 1 在两个公因子上的载荷结果可以表示为：处理 1 = -0.1394 Dim1 - 0.0168 Dim2。贡献率之和表示不同处理在两个公因子上的反映情况，由表可知，两个公因子所代表的处理信息大小依次为：处理 7>处理 1>处理 6>处理 2>处理 5>处理 3>处理 4。和占百分比表示原始数据中各列数据之和占总合计的百分比（%），此信息反映出：处理 1>处理 2>处理 3>处理 4>处理 5>处理 6>处理 7。这说明所测定的常规营

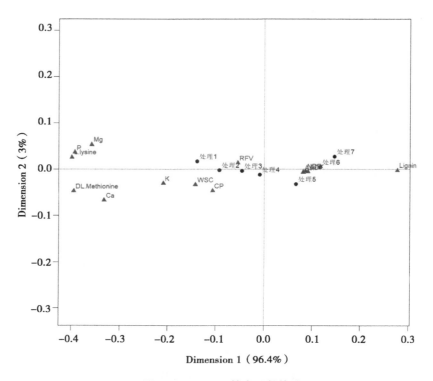

图 3.53 Lysine 杜奇函数检验

Fig. 3. 53 Lysine tukey function test

养指标、矿物质元素和氨基酸在总体上变化为率为处理 1>处理 2>处理 3>处理 4>处理 5>处理 6>处理 7。变量占特征比表示干草捆对总体特征向量贡献百分比，贡献率大小依次为：处理 1>处理 7>处理 6>处理 2>处理 5>处理 3>处理 4。

表 3.17 苜蓿干草捆的特征向量分析

Tab. 3. 17 The eigenvector analysis of alfalfa hay bales

处理	特征向量 Eigenvector		变量占比统计 Variable ratio statistics		
	第一坐标 Dim1	第二坐标 Dim2	贡献率之和 Quality	和占百分比 Mass	变量占特征值比 Inertia
处理 1	−0.1394	−0.0168	0.9965	0.1576	0.3024
处理 2	−0.0931	0.0019	0.9927	0.1508	0.1275

（续表）

处理	特征向量 Eigenvector		变量占比统计 Variable ratio statistics		
	第一坐标 Dim1	第二坐标 Dim2	贡献率之和 Quality	和占百分比 Mass	变量占特征值比 Inertia
处理 3	−0. 0463	0. 0034	0. 9731	0. 1463	0. 0314
处理 4	−0. 0089	0. 0117	0. 7169	0. 1415	0. 0041
处理 5	0. 066	0. 032	0. 9801	0. 1366	0. 0726
处理 6	0. 1159	−0. 0041	0. 9958	0. 1339	0. 1753
处理 7	0. 1465	−0. 0272	0. 999	0. 1332	0. 2868

3.4.4.2 苜蓿干草捆的欧氏距离分析

不同干草捆在双因子上的载荷信息，其代表干草捆在平面直角坐标系上的位置，坐标系内两点间的直线距离就是欧氏距离，欧氏距离的大小代表不同干草捆的相近程度。如表 3.18 可知，处理 7 和处理 6 之间的距离为 1.742638、处理 6 和处理 5 之间的距离为 4.023836。由此可以看出，以不同干草捆处理为观测的常规营养指标、矿物质元素和氨基酸之间的差异，处理 7 和处理 6 之间的距离最短，即处理 7 和处理 6 之间的常规营养指标、矿物质元素和氨基酸较为接近；处理 7 和处理 1 的距离最大，表明处理 7 与处理 1 之间的差异较大。

表 3.18　苜蓿干草捆的欧氏距离分析

Tab. 3.18　The euclidean distance analysis of alfalfa hay bales

	处理 1	处理 2	处理 3	处理 4	处理 5	处理 6	处理 7
处理 1							
处理 2	11. 00116						
处理 3	18. 15615	7. 204839					
处理 4	25. 29722	14. 32314	7. 148005				
处理 5	35. 18081	24. 22091	17. 05776	9. 9833			
处理 6	38. 02475	27. 14349	19. 94904	12. 9511	4. 023836		
处理 7	38. 81211	28. 01251	20. 84822	13. 98671	5. 624425	1. 742638	

3.4.4.3　苜蓿干草捆的贡献率及信息量分析

　　每个公因子上的每个变量的贡献率显示，处理1和处理7在第一公因子上的贡献率较大，处理3和处理4在第一公因子上的贡献率较小；相反，处理3和处理4在第二公因子上的贡献率较大，处理1和处理7在第二公因子上的贡献率较小。

　　变量在双公因子上的贡献率是表中的贡献率之和。由表3.19可见，变量在双公因子上的贡献率显示，不同贮藏阶段的紫花苜蓿干草捆均在第一公因子上的贡献率相对于第二公因子有绝对优势。这再次也可以说明，第一坐标轴（第一公因子）可以代表不同贮藏阶段干草捆信息。在信息量和总信息量中，0、1和2是各变量的坐标对特征值贡献多少的标志，贡献少、中、多分别用0、1、2表示。因此可以看出，坐标对特征值贡献较多的是处理7，而处理3坐标对特征值的贡献率较少。

表 3.19　苜蓿干草捆的贡献率及信息量分析

Tab. 3.19　The contribution rate and information analysis of alfalfa hay bales

处理	公因子上变量的贡献率 Partial Contributions		变量在公因子上贡献率 Squared Cosines		信息量 Contribute Most to Inertia		总信息量 Best Contribute
	第一坐标 Dim1	第二坐标 Dim2	第一坐标 Dim1	第二坐标 Dim2	第一坐标 Dim1	第二坐标 Dim2	
处理 1	0.3081	0.1456	0.9823	0.0143	1	1	1
处理 2	0.1313	0.0019	0.9922	0.0004	1	0	1
处理 3	0.0315	0.0056	0.9678	0.0053	0	0	1
处理 4	0.0011	0.0627	0.2652	0.4517	0	0	2
处理 5	0.0597	0.4564	0.7934	0.1867	0	2	2
处理 6	0.1809	0.0072	0.9946	0.0012	1	0	1
处理 7	0.2873	0.3208	0.9658	0.0332	2	2	2

3.4.4.4　常规营养指标、矿物质元素和氨基酸的特征向量分析

　　常规营养指标、矿物质元素和氨基酸特征向量的分析结果见表3.20，第一坐标、第二坐标为常规营养指标、矿物质元素和氨基酸在两个公因子上的载荷，其中 CP 在两个公因子上的载荷结果可以表示为：$CP = -0.1065\ Dim1 +$

0.0468 Dim2。贡献率之和表示不同指标在两个公因子上的反映情况，由表3.20可知，两个公因子所代表的处理信息大小依次为：RFV>ADF>NDF>Ash>Methionine>Lysine>CP>Ca>WSC>K>P>Mg。和占百分比表示原始数据中各列数据之和占总合计的百分比（%），此信息反映出：RFV>NDF>ADF>CP>Ash>K>WSC>Lysine>Ca>Methionine>P＝Mg。这说明所测定的常规营养指标、矿物质元素和氨基酸在总体上变化为率为处理：

RFV>NDF>ADF>CP>WSC>Lysine>K>Ca>Ash>Methionine>P>Mg。

表3.20　常规营养指标、矿物质元素和氨基酸的特征向量分析

Tab. 3.20　The acidseigenvector analysis of conventional

nutritional indicators，mineral elements and amino

营养指标	特征向量 Eigenvector		变量占比统计 Variable ratio statistics		
	第一坐标 Dim1	第二坐标 Dim2	贡献率之和 Quality	和占百分比 Mass	变量占特征值比 Inertia
CP	−0.1065	0.0468	0.9871	0.0681	0.0905
NDF	0.0859	0.0041	0.9987	0.1848	0.1326
ADF	0.0909	0.0059	0.9991	0.1374	0.1106
WSC	−0.1427	0.0337	0.9822	0.0276	0.0587
Ash	0.0811	0.0068	0.9964	0.048	0.0309
RFV	−0.0545	−0.0135	0.9997	0.4802	0.1467
Ca	−0.3326	0.0674	0.9867	0.0028	0.0317
P	−0.3932	−0.0358	0.9549	0.0007	0.0115
Mg	−0.3581	−0.0526	0.9504	0.0007	0.0098
K	−0.2094	0.0307	0.9587	0.0089	0.0402
Methionine	−0.3954	0.0476	0.9962	0.0008	0.013
Lysine	−0.3992	−0.0252	0.9945	0.0033	0.0522

3.4.4.5　常规营养指标、矿物质元素和氨基酸的欧氏距离分析

不同营养指标在双因子上的载荷信息，其代表营养指标在平面直角坐标系上的位置，坐标系内两点间的直线距离就是欧氏距离，欧氏距离的大小代表不同营养指标的相近程度。如表3.21可知，CP和NDF之间的距离为73.91709、NDF和ADF之间的距离为29.76141。由此可以看出常规营养指标、矿物质元

素和氨基酸之间的差异，P 和 Mg 之间的距离最短，即 P 和 Mg 较为接近；RFV 和 P 的距离最大，表明 RFV 和 P 之间的差异较大。

表 3.21　常规营养指标、矿物质元素和氨基酸的欧氏距离分析

Tab. 3.21　The euclidean distance analysis of conventional nutritional indicators, mineral elements and amino acids

	CP	NDF	ADF	WSC	Ash	RFV	Ca	P	Mg	K	Methionine
NDF	73.91709										
ADF	44.55838	29.76141									
WSC	25.62409	98.74108	69.04418								
Ash	14.87463	85.8136	56.059	13.41011							
RFV	259.82	188.9398	218.1136	285.3494	273.1848						
Ca	41.42495	114.1488	84.39724	15.82516	28.33945	301.1185					
P	42.78481	115.4315	85.67656	17.19166	29.61832	302.4595	1.391143				
Mg	42.78517	115.4285	85.67353	17.19201	29.61538	302.4586	1.39521	0.024944			
K	37.55254	110.3805	80.63775	11.94371	24.60114	297.2538	3.89003	5.265425	5.26667		
Methionine	42.70782	115.3608	85.60604	17.11352	29.54764	302.3856	1.309945	0.09724	0.102035	5.186564	
Lysine	41.05131	113.8168	84.06784	15.44538	28.01349	300.7441	0.484711	1.809923	1.814038	3.515033	1.73235549

3.4.4.6　常规营养指标、矿物质元素和氨基酸的贡献率及信息量分析

每个公因子上的每个变量的贡献率显示，RFV 和 CP 在第一公因子上的贡献率较小，NDF 和 ADF 在第一公因子上的贡献率较大；相反，RFV 和 CP 在第二公因子上的贡献率较大，NDF 和 ADF 在第二公因子上的贡献率较小。

变量在双公因子上的贡献率是表中的贡献率之和。由表 3.22 可见，变量在双公因子上的贡献率显示，不同营养指标均在第一公因子上的贡献率相对于第二公因子有绝对优势。这再次也可以说明，第一坐标轴（第一公因子）可以代表不同营养指标信息。在信息量和总信息量中，0、1 和 2 是各变量的坐标对特征值贡献多少的标志，贡献少、中、多分别用 0、1、2 表示。因此可以看出，坐标对特征值贡献较多的是 CP，而 WSC 坐标对特征值的贡献率较少。

表 3.22　常规营养指标、矿物质元素和氨基酸的贡献率及信息量分析

Tab. 3.22　The contribution rate and information analysis of conventional nutritional indicators, mineral elements and amino acids

营养指标	公因子上变量的贡献率 Partial Contributions		变量在公因子上贡献率 Squared Cosines		信息量 Contribute Most to Inertia		总信息量 Best Contribute
	第一坐标 Dim1	第二坐标 Dim2	第一坐标 Dim1	第二坐标 Dim2	第一坐标 Dim1	第二坐标 Dim2	
CP	0.0777	0.4856	0.8277	0.1594	2	2	2
NDF	0.1371	0.0102	0.9965	0.0023	1	0	1
ADF	0.1142	0.0158	0.9949	0.0042	1	0	1
WSC	0.0317	0.0073	0.9895	0.007	0	0	1
Ash	0.1434	0.2856	0.9418	0.0578	1	0	1
RFV	0.0113	0.3031	0.947	0.0078	0	0	1
Ca	0.0095	0.0066	0.9303	0.0201	0	0	1
P	0.0391	0.0273	0.9385	0.0202	0	0	1
Mg	0.0133	0.0062	0.982	0.0142	0	0	1
K	0.0536	0.0069	0.9905	0.0039	0	0	1
L. Lysine	0.0234	0.0285	0.9112	0.0648	2	0	1
DL. Methionine	0.0209	0.0023	0.9826	0.0141	2	0	1

3.4.4.7　常规营养指标、矿物质元素和氨基酸的对应分析

将不同贮藏阶段的干草捆与各营养指标的对应分析结果绘制图，如图 3.54 所示。从图中可以看出，不同的干草捆在纵坐标（第二坐标）两侧，由于不同处理与各项营养指标距离的远近表示彼此之间关系的密切程度，由图可知，处理 1 和处理 2 与 RFV 关系密切，表明处理 1 和处理 2 的 RFV 含量较高。处理 1 和处理 2 与 CP 关系密切，表明处理 1 和处理 2 的 RFV 含量较高。NDF 和 ADF 与处理 7 关系密切，表明处理 7 的 NDF 和 ADF 含量较高。

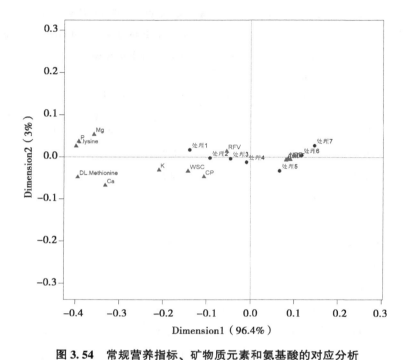

图 3.54 常规营养指标、矿物质元素和氨基酸的对应分析

Fig. 3.54 The correspondence analysis of conventional nutritional indicators, mineral elements and amino acids

3.5 贮藏条件对苜蓿干草捆贮藏期内霉菌毒素变化影响的研究

3.5.1 贮藏环境条件对苜蓿干草捆贮藏期内黄曲霉毒素变化影响的研究

（1）Aflatoxin 与贮藏环境的交互效应分析。研究分析，苜蓿干草捆中 Aflatoxin 含量与贮藏期内环境温度和相对湿度之间的相关性，详细请见表 3.23。

表 3.23 苜蓿干草捆中 Aflatoxin 含量与相对湿度和温度的相关性

Tab. 3.23 The correlation of aflatoxin content between relative humidity and temperature in alfalfa hay bale

	Estimate	Std. Error	t value	Pr (>│t│)
（Intercept）	19.7338	0.9123	21.6302	1.14E-40
temperature	0.7419	0.0632	11.7244	7.41E-21
humidity	-0.5005	0.0453	-11.0467	2.44E-19
I （temperature^2）	0.0136	0.0022	6.10535	1.71E-08
I （humidity^2）	0.0057	0.0005	11.2239	9.77E-20
temperature：humidity	-0.0179	0.0017	-10.5795	2.75E-18

经计算建立 x_1 与 x_2 的统计模型如下：

Alfatoxin = $19.7338 + 0.7419x_1 - 0.5005x_2 - 0.0179x_1x_2 - 0.013x_1{}^2 - 0.0057x_2{}^2$，$R^2 = 0.8352$

式中，x_1 代表温度、x_2 代表相对湿度。R^2 代表模型相关系数。

通过研究贮藏环境中的温度和相对湿度对草捆中 Aflatoxin 含量的影响，得出温度和相对湿度与干草捆中 Aflatoxin 含量互作效应的三维图和等值线图，见图 3.55。

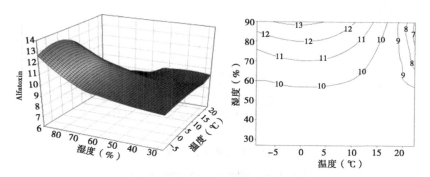

图 3.55 温度和相对湿度与草捆中黄曲霉毒素含量的互作效应三维图和等值线图

Fig. 3.55 The interaction effects of temperature and relative humidity on the content of Alfatoxin in the three-dimensional diagram and contour map

当温度较低时，Aflatoxin 含量随着相对湿度的增加呈现出上升的趋势；当相对湿度较低时，Aflatoxin 含量随着温度的增加呈现出上升的趋势，但是上升趋势不显著。当温度较高时，Aflatoxin 含量随着相对湿度的增加呈现出逐渐下降的趋势，但是下降趋势不显著；当相对湿度较高时，Aflatoxin 产量随着温度增加呈现出先上升后下降的趋势。

（2）黄曲霉毒素含量与贮藏时间的箱型分析和 TukeyHSD 函数检验。不同贮藏期内苜蓿干草捆中 Alfatoxin 含量变化如箱形图 3.56 和 TukeyHSD 函数检验图 3.57 所示，苜草捆在贮藏 0~360d 期间内没有出现 Alfatoxin 含量异常值。随贮藏期的延长，Alfatoxin 的含量呈现出持续升高的现象。贮藏不同时间段干草捆之间 Alfatoxin 含量差异显著（$P<0.05$）。

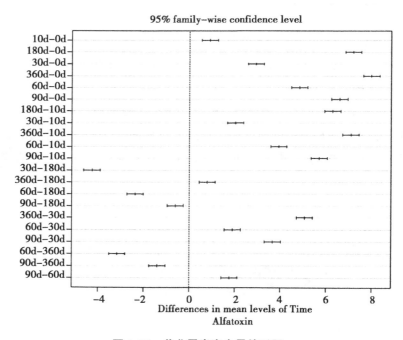

图 3.56　黄曲霉毒素含量箱形图

Fig. 3.56　aflatoxin content box plot

贮藏 0d 时，Alfatoxin 含量最低，为 0.37DM%。贮藏 10d 时，Alfatoxin 含量为 1.27DM%，与贮藏 0d 时相比，Alfatoxin 含量上升 0.9DM%。贮藏 30d 时，Alfatoxin 含量为 3.3DM%，与贮藏 0d、10d 相比，Alfatoxin 含量分别上升

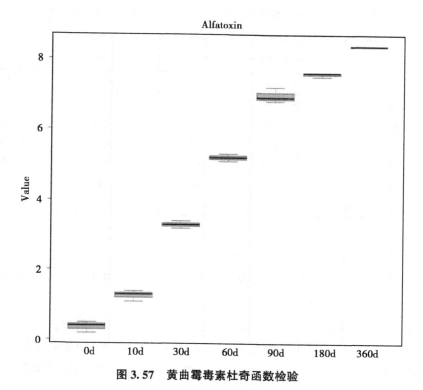

图 3.57 黄曲霉毒素杜奇函数检验

Fig. 3.57 aflatoxin tukey function test

2.93DM%和2.03DM%。贮藏 60d 时，Alfatoxin 含量为 5.2DM%，与贮藏 0d、10d、30d 相比，Alfatoxin 含量分别上升 4.83DM%、3.93DM%、1.9DM%。贮藏 90d、180d 和 360d 时，Alfatoxin 含量呈上升趋势，与贮藏 60d 相比，Alfatoxin 含量分别升高 1.77DM%、2.37DM%、3.16DM%。

3.5.2 贮藏条件对苜蓿干草捆贮藏期内呕吐毒素变化影响的研究

（1）Vomitoxin 与贮藏环境的交互效应分析。研究分析，苜蓿干草捆中 Vomitoxin 含量与贮藏期内环境温度和相对湿度之间的相关性，详细请见表 3.24。

表 3.24 苜蓿干草捆中呕吐毒素含量与相对湿度和温度的相关性

表 3.24　苜蓿干草捆中呕吐毒素含量与相对湿度和温度的相关性

Tab. 3.24　The correlation of vomitoxin content between relative
humidity and temperature in alfalfa hay bale

	Estimate	Std. Error	t value	Pr（>∣t∣）
（Intercept）	56.7592	6.0156	9.4352	1.05E-15
temperature	1.7349	0.4172	4.1579	6.54E-05
humidity	-1.5191	0.2987	-5.0842	1.60E-06
I（temperature^2）	-0.0344	0.0146	-2.3438	0.020948
I（humidity^2）	0.0138	0.0033	4.1240	7.42E-05
temperature：humidity	-0.0190	0.0112	-1.6990	0.092251

经计算建立 x_1 与 x_2 的统计模型如下：

$$Vomitoxin = 56.7592 + 1.7349x_1 - 1.5191x_2 - 0.0190x_1x_2 - 0.0344x_1^2 - 0.0138x_2^2, \quad R^2 = 0.6991$$

式中，x_1 代表温度、x_2 代表相对湿度。R^2 代表模型相关系数。

通过研究贮藏环境中的温度和相对湿度对草捆中 Vomitoxin 含量的影响，得出温度和相对湿度与草捆中 Vomitoxin 含量互作效应的三维图和等值线图，见图 3.58。

当温度较低时，Vomitoxin 含量呈现出不规则变化趋势；当相对湿度较低时，Vomitoxin 含量随着温度的增加呈现出上升的趋势。当温度较高时，Vomitoxin 含量随着相对湿度的增加呈现出逐渐下降的趋势；当相对湿度较高时，Vomitoxin 产量随着温度增加呈现出先上升后下降的趋势。

（2）呕吐毒素含量与贮藏时间的箱型分析和 TukeyHSD 函数检验。不同贮藏期内苜蓿干草捆中 Vomitoxin 含量变化如箱形图 3.59 和 TukeyHSD 函数检验图 3.60 所示，苜蓿草捆在贮藏 0~360d 期间内没有出现 Vomitoxin 含量异常值。随贮藏期的延长，Vomitoxin 的含量呈现出持续升高的现象。贮藏不同时间段干草捆之间 Vomitoxin 含量差异显著（$P<0.05$）。

贮藏 0d 时，Vomitoxin 含量最低，为 0.17DM%。贮藏 10d 时，Vomitoxin 含量为 2.2DM%，与贮藏 0d 时相比，Vomitoxin 含量上升 2.03DM%。贮藏 30d 时，Vomitoxin 含量为 4.8DM%，与贮藏 0d、10d 相比，Vomitoxin 含量分别上

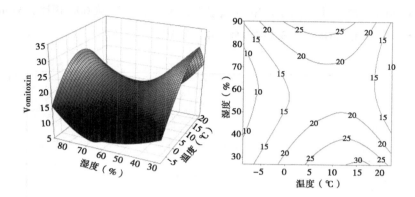

图 3.58　温度和相对湿度与草捆中呕吐毒素含量的互作效应三维图和等值线图

Fig. 3.58　The interaction effects of temperature and relative humidity on the content of Vomitoxin in the three-dimensional diagram and contour map

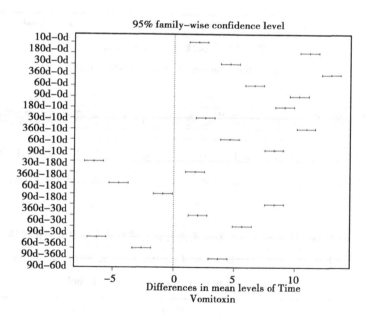

图 3.59　呕吐毒素含量箱形图

Fig. 3.59　Vomitoxin content box plot

升 4.63DM%和 2.6DM%。贮藏 60d 时，Vomitoxin 含量为 6.8DM%，与贮藏 0d、10d、30d 相比，Vomitoxin 含量分别上升 6.63DM%、4.6DM%、2DM%。贮藏

90d、180d 和 360d 时，Vomitoxin 含量呈升高趋势，与贮藏 60d 相比，Vomitoxin 含量分别升高 3.67DM%、3.79DM%、4.53DM%。

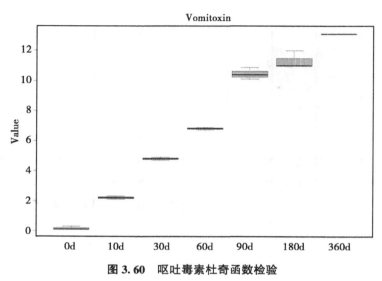

图 3.60　呕吐毒素杜奇函数检验

Fig. 3.60　Vomitoxin tukey function test

3.5.3　贮藏条件对苜蓿干草捆贮藏期内 T-2 毒素变化影响的研究

（1）T-2toxin 与贮藏环境的交互效应分析。研究分析，苜蓿干草捆中 T-2 毒素含量与贮藏期内环境温度和相对湿度之间呈显著的相关性，详细请见表 3.25。

表 3.25　苜蓿干草捆中 T-2 毒素含量与相对湿度和温度的相关性

Tab. 3.25　The correlation of T-2toxin content between relative humidity and temperature in alfalfa hay bale

	Estimate	Std. Error	t value	Pr（>｜t｜）
（Intercept）	11.6133	0.1071	108.3843	2.1E-110
temperature	0.5912	0.0074	79.5479	2.42E-96
humidity	-0.3593	0.0053	-67.5233	6.07E-89
I（temperature^2）	0.0274	0.0002	105.0785	5.4E-109

（续表）

	Estimate	Std. Error	t value	Pr（>｜t｜）
I（humidity^2）	0.0051	5.97E-05	85.9651	7.4E-100
temperature：humidity	-0.0212	0.0002	-106.606	1.2E-109

经计算建立 x_1 与 x_2 的统计模型如下：

T-2toxin = 11.6133 + 0.5912x_1 - 0.3593x_2 - 0.0212x_1x_2 - .0274x_1^2 - 0.0051x_2^2，R^2 = 0.9987

式中，x_1 代表温度、x_2 代表相对湿度。R^2 代表模型相关系数。

通过研究贮藏环境中的温度和相对湿度对草捆中 T-2 毒素含量的影响，得出温度和相对湿度与草捆中 T-2 毒素含量互作效应的三维图和等值线图，见图 3.61。

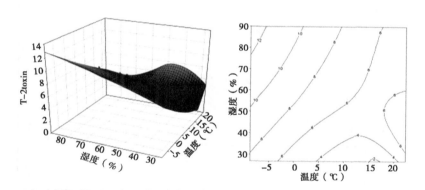

图 3.61 温度和相对湿度与草捆中 T-2 毒素含量的互作效应三维图和等值线图

Fig. 3.61 The interaction effects of temperature and relative humidity on the content of T-2toxin in the three-dimensional diagram and contour map

当温度较低时，随着相对湿度的增加，T-2 毒素含量变化不显著；当相对湿度较低时，T-2 毒素含量随着温度的增加呈现出先下降后上升的趋势。当温度较高时，T-2 毒素含量随着相对湿度的增加呈现出先上升后下降的趋势；当相对湿度较高时，T-2 毒素产量随着温度增加呈现出逐渐下降的趋势。

（2）贮藏期内 T-2 毒素含量箱形分析和 TukeyHSD 函数检验。不同贮藏期内苜蓿干草捆中 T-2toxin 含量变化如箱形图 3.62 和 TukeyHSD 函数检验图 3.63

所示，苜草捆在贮藏 0~360d 期间内没有出现 T-2toxin 含量异常值。随贮藏期的延长，T-2toxin 的含量呈现出持续升高的现象。贮藏不同时间段干草捆之间 T-2toxin 含量差异显著（$P<0.05$）。

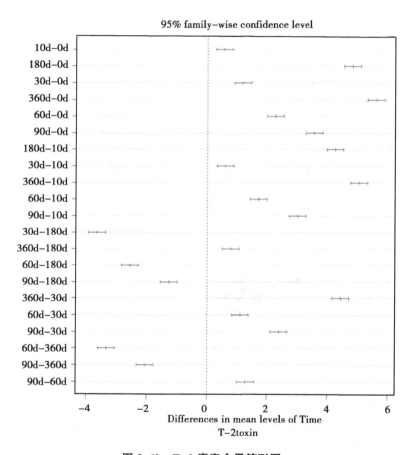

图 3.62   T-2 毒素含量箱形图

Fig. 3.62   T-2toxin content box plot

贮藏 0d 时，T-2toxin 含量最低，为 0.00DM%。贮藏 10d 时，T-2toxin 含量为 0.57DM%，与贮藏 0d 时相比，T-2toxin 含量上升 0.57DM%。贮藏 30d 时，T-2toxin 含量为 1.18DM%，与贮藏 0d、10d 相比，T-2toxin 含量分别上升 1.18DM%和 0.61DM%。贮藏 60d 时，T-2toxin 含量为 2.27DM%，与贮藏 0d、

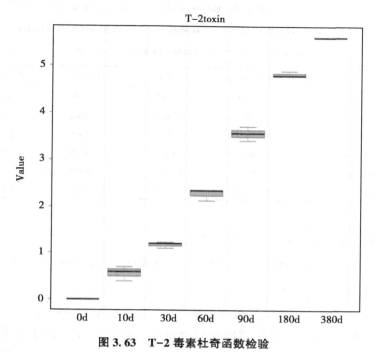

图 3.63　T-2 毒素杜奇函数检验

Fig. 3.63　T-2toxin tukeyfunction test

10d、30d 相比，T-2toxin 含量分别上升 2.27DM%、1.7DM%、1.09DM%。贮藏 90d、180d 和 360d 时，T-2toxin 含量呈升高趋势，与贮藏 60d 相比，T-2toxin 含量分别升高 2.55DM%、3.09DM%、3.34DM%。

3.5.4　贮藏条件对苜蓿干草捆贮藏期内玉米赤霉烯酮变化影响的研究

（1）Zearalenone 与贮藏环境的交互效应分析。研究分析，苜蓿干草捆中 Zearalenone 含量与贮藏期内环境温度和相对湿度之间呈显著的相关性，详细请见表 3.26。

表 3. 26　苜蓿干草捆中 Zearalenone 含量与相对湿度和温度的相关性

Tab. 3. 26　The correlation of zearalenone content between relative

humidity and temperature in alfalfa hay bale

	Estimate	Std. Error	t value	Pr（> l t l ）
（Intercept）	18. 0564	5. 2262	3. 4549	0. 0007
temperature	1. 4790	0. 3625	4. 0800	8. 74E-05
humidity	−0. 8202	0. 2595	−3. 1598	0. 002058
I （temperature^2）	0. 0633	0. 0127	4. 9618	2. 68E-06
I （humidity^2）	0. 0112	0. 0029	3. 8497	0. 000203
temperature：humidity	−0. 0468	0. 0097	−4. 8067	5. 08E-06

经计算建立 x_1 与 x_2 的统计模型如下：

Zearalenone = 18. 0564 + 1. 4790x_1 − 0. 8202x_2 − 0. 0468x_1x_2 − 0. 0633x_1^2 − 0. 0112x_2^2，R^2 = 0. 3070

式中，x_1 代表温度、x_2 代表相对湿度。R^2 代表模型相关系数。

通过研究贮藏环境中的温度和相对湿度对草捆中玉米赤霉烯酮含量的影响，得出温度和相对湿度与草捆中玉米赤霉烯酮含量互作效应的三维图和等值线图，见图 3. 64。

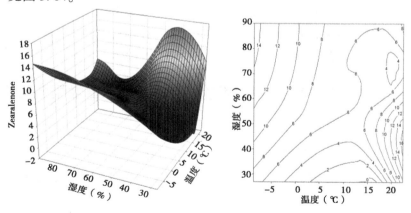

图 3. 64　温度和相对湿度与干草捆中玉米赤霉烯酮含量的互作效应三维图和等值线图

Fig. 3. 64　The interaction effects of temperature and relative humidity on the content

of Zearalenone in the three−dimensional diagram and contour map

当温度较低时，随着相对湿度的增加，Zearalenone 含量变化不显著；当相对湿度较低时，Zearalenone 含量随着温度的增加呈现出先下降后上升的趋势。当温度较高时，Zearalenone 含量随着相对湿度的增加呈现出先上升后下降的趋势；当相对湿度较高时，Zearalenone 含量随着温度增加呈现出逐渐下降的趋势。

（2）玉米赤霉烯酮含量与贮藏时间的箱型分析和 TukeyHSD 函数检验。不同贮藏期内紫花苜蓿干草捆中 Zearalenone 含量变化如箱形图 3.65 和 TukeyHSD 函数检验 3.66 所示，苜草干草捆在贮藏 0~360d 期间内没有出现 Zearalenone 含量异常值。随贮藏期的延长，Zearalenone 的含量呈现出持续升高的现象。贮藏不同时间段干草捆之间 Zearalenone 含量差异显著（$P<0.05$）。

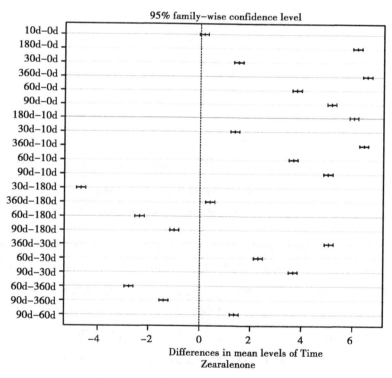

图 3.65　玉米赤霉烯酮含量箱形图

Fig. 3.65　Zearalenone content box plot

贮藏 0d 时，Zearalenone 含量最低，为 0。贮藏 10d 时，Zearalenone 含量为

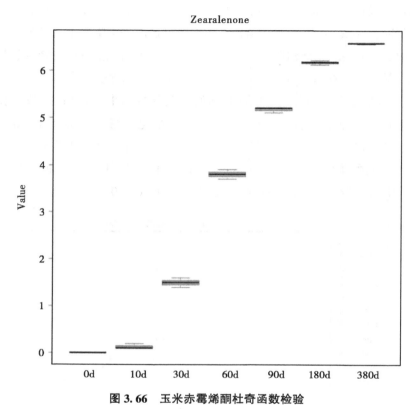

图 3.66　玉米赤霉烯酮杜奇函数检验

Fig. 3.66　Zearalenone tukey function test

0.13DM%，与贮藏 0d 时相比，Zearalenone 含量上升 0.13DM%。贮藏 30d 时，Zearalenone 含量为 1.5DM%，与贮藏 0d、10d 相比，Zearalenone 含量分别上升 1.5DM% 和 1.37DM%。贮藏 60d 时，Zearalenone 含量为 3.8DM%，与贮藏 0d、10d、30d 相比，Zearalenone 含量分别上升 3.8DM%、3.67DM%、1.8DM%。贮藏 90d、180d 和 360d 时，Zearalenone 含量呈升高趋势，与贮藏 60d 相比，Zearalenone 含量分别升高 1.37DM%、2.37DM%、2.77DM%。

3.5.5　贮藏条件对苜蓿干草捆贮藏期内烟曲霉毒素变化影响的研究

（1）Fumonxion 与贮藏环境的交互效应分析。研究分析，苜蓿干草捆中 Fumonxion 含量与贮藏期内环境温度和相对湿度之间呈显著的相关性，详细请见

表 3.27。

表 3.27　苜蓿干草捆中 Fumonxion 含量与相对湿度和温度的相关性

Tab. 3.27　The correlation of Fumonxion content between relative humidity and temperature in alfalfa hay bale

	Estimate	Std. Error	t value	Pr（>丨t丨）
（Intercept）	18.3053	1.2665	14.4533	8.20E−27
temperature	0.8449	0.0878	9.6182	4.06E−16
humidity	−0.55	0.0629	−8.7432	3.74E−14
I（temperature^2）	0.0276	0.0030	8.9306	1.42E−14
I（humidity^2）	0.0066	0.0007	9.3728	1.45E−15
temperature：humidity	−0.0237	0.0023	−10.0508	4.29E−17

经计算建立 x_1 与 x_2 的统计模型如下：

Fumonisin = $18.3053 + 0.8449x_1 - 0.5500x_2 - 0.0237x_1 x_2 - 0.0276x_1^2 + 0.0066x_2^2$，$R^2 = 0.6575$

式中，x_1 代表温度、x_2 代表相对湿度。R^2 代表模型相关系数。

通过研究贮藏环境中的温度和相对湿度对草捆中 Fumonxion 含量的影响，得出温度和相对湿度与草捆中 Fumonxion 含量互作效应的三维图和等值线图，见图 3.67。

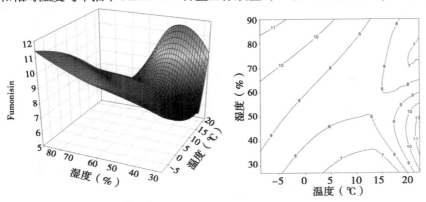

图 3.67　温度和相对湿度与干草捆中烟曲霉毒素含量的互作效应三维图和等值线图

Fig. 3.67　The interaction effects of temperature and relative humidity on the content of Fumonxion in the three-dimensional diagram and contour map

当温度较低时，随着相对湿度的增加，Fumonxion 含量变化不显著；当相对湿度较低时，Fumonxion 含量随着温度的增加呈现出先下降后上升的趋势。当温度较高时，Fumonxion 含量随着相对湿度的增加呈现出先上升后下降的趋势；当相对湿度较高时，Fumonxion 含量随着温度增加呈现出逐渐下降的趋势。

（2）烟曲霉毒素含量与贮藏时间的箱型分析和 TukeyHSD 函数检验。不同贮藏期内苜蓿干草捆中 Fumonxion 含量变化如箱形图 3.68 和 TukeyHSD 函数检验图 3.69 所示，苜蓿干草捆在贮藏 0~360d 期间内没有出现 Fumonxion 含量异常值。随贮藏期的延长，Fumonxion 的含量呈现出持续升高的现象。贮藏不同时间段干草捆之间 Fumonxion 含量差异显著（$P<0.05$）。

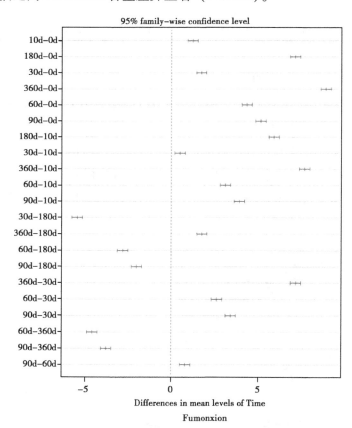

图 3.68　烟曲霉毒素含量箱形图

Fig. 3.68　Fumonxion content box plot

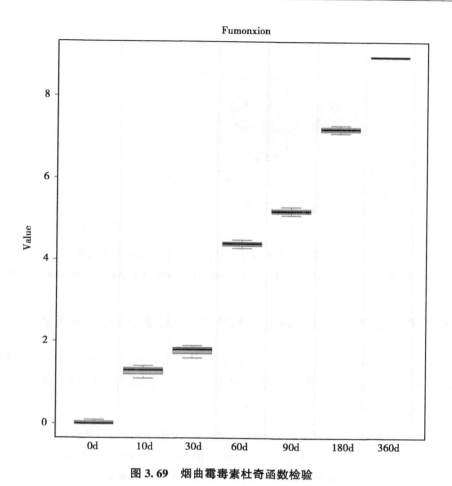

图 3.69　烟曲霉毒素杜奇函数检验

Fig. 3.69　Fumonxion tukey function test

贮藏 0d 时，Fumonxion 含量最低，为 0.03DM%。贮藏 10d 时，Fumonxion 含量为 1.27DM%，与贮藏 0d 时相比，Fumonxion 含量上升 1.24DM%。贮藏 30d 时，Fumonxion 含量为 1.77DM%，与贮藏 0d、10d 相比，Fumonxion 含量分别上升 1.74DM% 和 0.53DM%。贮藏 60d 时，Fumonxion 含量为 4.4DM%，与贮藏 0d、10d、30d 相比，Fumonxion 含量分别上升 4.37DM%、3.13DM%、2.66DM%。贮藏 90d、180d 和 360d 时，Fumonxion 含量呈升高趋势，与贮藏 60d 相比，Fumonxion 含量分别升高 0.8DM%、2.8DM%、4.57DM%。

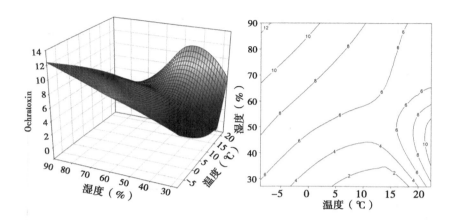

图 3. 70　温度与相对湿度对草捆中 Ochratoxin 互作效应

Fig. 3. 70　The effect of temperature and relative humidity on Ochratoxin content in bale

3.5.6　贮藏条件对苜蓿干草捆贮藏期内赭曲霉毒素变化影响的研究

（1）Ochratoxin 与贮藏环境的交互效应分析。研究分析，苜蓿干草捆中 Ochratoxin 含量与贮藏期内环境温度和相对湿度之间呈显著的相关性，详细请见表 3. 28。

表 3. 28　苜蓿干草捆中赭曲霉毒素含量与相对湿度和温度的相关性

Tab. 3. 28　The correlation of ochratoxin content between and relative humidity and temperature in alfalfa hay bale

	Estimate	Std. Error	t value	Pr (>∣t∣)
（Intercept）	18. 8208	0. 6356	29. 6111	4. 49E-53
temperature	1. 3875	0. 0440	31. 4737	1. 34E-55
humidity	-0. 8243	0. 0315	-26. 1136	5. 58E-48
I（temperature^2）	0. 0512	0. 0015	32. 9872	1. 46E-57
I（humidity^2）	0. 0105	0. 0003	29. 9285	1. 64E-53
temperature：humidity	-0. 0407	0. 0011	-34. 4285	2. 31E-59

经计算建立 x_1 与 x_2 的统计模型如下：

Ochratoxin = 18.8208 + 1.3875x_1 − 0.8243x_2 − 0.0407$x_1 x_2$ − 0.0512x_1^2 − 0.01059x_2^2, R^2 = 0.9443

式中，x_1 代表温度、x_2 代表相对湿度。R^2 代表模型相关系数。

通过研究贮藏环境中的温度和相对湿度对草捆中 Ochratoxin 含量的影响，得出温度和相对湿度与干草捆中 Ochratoxin 含量互作效应的三维图和等值线图，见图 3.71。

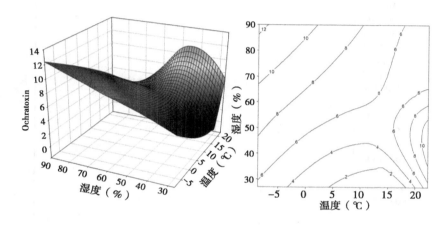

图 3.71   温度与相对湿度对草捆中 Ochratoxin 互作效应

Fig. 3.71   The effect of temperature and relative humidity on Ochratoxin content in bale

当温度较低时，随着相对湿度的增加，Ochratoxin 含量变化不显著；当相对湿度较低时，Ochratoxin 含量随着温度的增加呈现出先下降后上升的趋势。当温度较高时，Ochratoxin 含量随着相对湿度的增加呈现出先上升后下降的趋势；当相对湿度较高时，Ochratoxin 含量随着温度增加呈现出逐渐下降的趋势。

（2）贮藏期内 Ochratoxin 含量箱形分析和 TukeyHSD 函数检验。不同贮藏期内苜蓿干草捆中 Ochratoxin 含量变化如箱形图 3.72 和 TukeyHSD 函数检验图 3.73 所示，苜蓿干草捆在贮藏 0~360d 期间内没有出现 Ochratoxin 含量异常值。随贮藏期的延长，Ochratoxin 的含量呈现出持续升高的现象。贮藏不同时间段干草捆之间 Ochratoxin 含量差异显著（$P<0.05$）。

贮藏 0d 时，Ochratoxin 含量最低，为 0.1DM%。贮藏 10d 时，Ochratoxin 含量为 0.6DM%，与贮藏 0d 时相比，Ochratoxin 含量上升 0.5DM%。贮藏 30d

时，Ochratoxin 含量为 2.2DM%，与贮藏 0d、10d 相比，Ochratoxin 含量分别上升 2.1DM% 和 1.6DM%。贮藏 60d 时，Ochratoxin 含量为 3.5DM%，与贮藏 0d、10d、30d 相比，Ochratoxin 含量分别上升 3.4DM%、2.9DM%、1.9DM%。贮藏 90d、180d 和 360d 时，Ochratoxin 含量呈升高趋势，与贮藏 60d 相比，Ochratoxin 含量分别升高 1.33DM%、1.87DM%、2.84DM%。

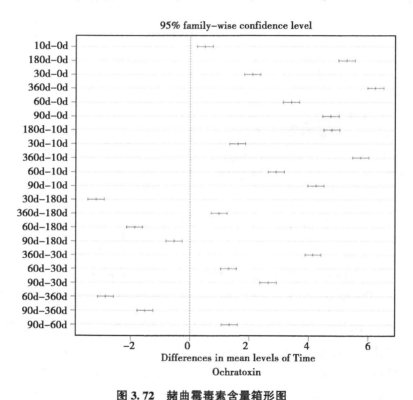

图 3.72　赭曲霉毒素含量箱形图

Fig. 3.72　ochratoxin content box plot

3.5.7　苜蓿干草捆贮藏期内霉菌毒素对应分析

3.5.7.1　苜蓿干草捆的特征向量分析

苜蓿干草捆特征向量的分析结果见表 3.29，第一坐标、第二坐标为 7 种贮藏时间段的苜蓿干草捆在两个公因子上的载荷，其中处理 1 在两个公因子上的

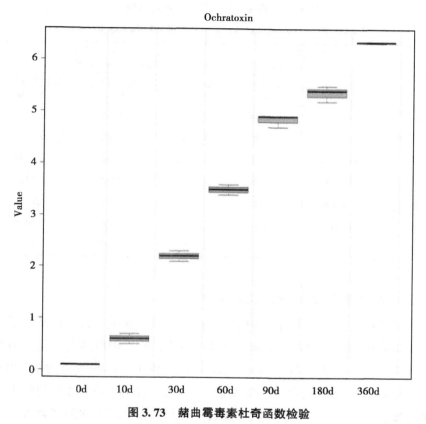

图 3.73　赭曲霉毒素杜奇函数检验

Fig. 3.73　ochratoxin tukey function test

载荷结果可以表示为：处理 1 = −0.8759 Dim1 + 0.2624 Dim2。贡献率之和表示不同处理在两个公因子上的反映情况，由表 3.29 可知，两个公因子所代表的处理信息大小依次为：处理 2>处理 7>处理 6>处理 1>处理 3>处理 5>处理 4。和占百分比表示原始数据中各列数据之和占总合计的百分比（%），此信息反映出：处理 7>处理 6>处理 5>处理 4>处理 3>处理 2>处理 1。这说明所测定不同干草捆在总体上变化为率为处理 7>处理 6>处理 5>处理 4>处理 3>处理 2>处理 1。变量占特征比表示干草捆对总体特征向量贡献百分比，贡献率大小依次为：处理 2>处理 1>处理 3>处理 7>处理 6>处理 5>处理 4。

表 3.29　苜蓿干草捆的特征向量分析

Tab. 3.29　The eigenvector analysis of alfalfa hay bales

处理	特征向量 Eigenvector		变量占比统计 Variable ratio statistics		
	第一坐标 Dim1	第二坐标 Dim2	贡献率之和 Quality	和占百分比 Mass	变量占特征值比 Inertia
处理 1	−0.8759	0.2624	0.8249	0.0038	0.2357
处理 2	−0.2235	−0.3023	0.9943	0.0345	0.2992
处理 3	−0.1893	0.0387	0.8952	0.0842	0.2144
处理 4	0.0008	0.0456	0.3734	0.1484	0.0504
处理 5	−0.019	0.0487	0.6758	0.2068	0.0511
处理 6	0.0568	0.0019	0.9011	0.2426	0.0531
处理 7	0.0608	−0.0398	0.9386	0.2797	0.0961

3.5.7.2　苜蓿干草捆的欧氏距离分析

不同干草捆在双因子上的载荷信息，其代表干草捆在平面直角坐标系上的位置，坐标系内两点间的直线距离就是欧氏距离，欧氏距离的大小代表不同干草捆的相近程度。如表 3.30 可知，处理 7 和处理 6 之间的距离为 2.929558、处理 6 和处理 5 之间的距离为 2.825448。由此可以看出，处理 2 和处理 1 之间的距离最短，即处理 1 和处理 2 较为接近；处理 7 和处理 1 的距离最大，表明处理 7 与处理 1 之间的差异较大。

表 3.30　苜蓿干草捆的欧氏距离分析

Tab. 3.30　The euclidean distance analysis of alfalfa hay bales

	处理 1	处理 2	处理 3	处理 4	处理 5	处理 6
处理 2	2.65602					
处理 3	6.412582	3.993034				
处理 4	10.844263	8.43896	4.767297			
处理 5	15.431038	12.981313	9.132497	4.744114		
处理 6	17.801503	15.346833	11.639993	7.04012	2.825448	
处理 7	20.599625	18.11249	14.44696	9.864403	5.61053	2.929558

3.5.7.3　苜蓿干草捆的贡献率及信息量分析

每个公因子上的每个变量的贡献率显示，处理 1 和处理 3 在第一公因子上的贡献率较大，处理 4 和处理 5 在第一公因子上的贡献率较小；相反，处理 4 和处理 5 在第二公因子上的贡献率较大，处理 1 和处理 3 在第二公因子上的贡献率较小。

变量在双公因子上的贡献率是表中的贡献率之和。由表 3.31 可见，变量在双公因子上的贡献率显示，不同贮藏阶段的紫花苜蓿干草捆在第二公因子上的贡献率相对于第一公因子有绝对优势。这可以说明，第二坐标轴（第一公因子）可以代表不同贮藏阶段干草捆信息。在信息量和总信息量中，0、1 和 2 是各变量的坐标对特征值贡献多少的标志，贡献少、中、多分别用 0、1、2 表示。因此可以看出，坐标对特征值贡献较多的是处理 2，而处理 6 坐标对特征值的贡献率较少。

表 3.31　苜蓿干草捆的贡献率及信息量分析

Tab. 3.31　The contribution rate and information analysisof alfalfa hay bales

处理	公因子上变量的贡献率 Partial Contributions		变量在公因子上贡献率 Squared Cosines		信息量 Contribute Most to Inertia		总信息量 Best Contribute
	第一坐标 Dim1	第二坐标 Dim2	第一坐标 Dim1	第二坐标 Dim2	第一坐标 Dim1	第二坐标 Dim2	
处理 1	0.3059	0.0548	0.757	0.0679	1	0	1
处理 2	0.1802	0.6588	0.3513	0.643	2	2	2
处理 3	0.3158	0.0264	0.8593	0.0359	1	0	1
处理 4	0	0.0645	0.0001	0.3733	0	0	2
处理 5	0.0078	0.1026	0.0892	0.5866	0	2	2
处理 6	0.082	0.0002	0.9001	0.001	0	0	1
处理 7	0.1082	0.0928	0.6568	0.2818	0	1	1

3.5.7.4　霉菌毒素的特征向量分析

霉菌毒素特征向量的分析结果见表 3.32，第一坐标、第二坐标为霉菌毒素在两个公因子上的载荷，其中 Alfatoxin 在两个公因子上的载荷结果可以表示为：Alfatoxin = −0.1296 Dim1 + 0.0432 Dim2。贡献率之和表示不同指标在两个公因子上的反映情况，由表 3.32 可知，两个公因子所代表的处理信息大小依次为：Zearalenone>Alfatoxin>Fumonisin>T-2toxin>Ochratoxin>Vomitoxin。和占百分比表示原始数据中各列数据之和占总合计的百分比（%），此信息反映出：Vomitoxin>Alfatoxin>Fumonisin>Zearalenone>Ochratoxin>T-2toxin。这说明所测定的霉菌毒素在总体上变化为率为处理 Vomitoxin > Alfatoxin > Fumonisin > Zearalenone>Ochratoxin>T-2toxin。

表 3.32　霉菌毒素的特征向量分析

Tab. 3.32　The seigenvector analysis of mycotoxin

霉菌指标	特征向量 Eigenvector		变量占比统计 Variable ratio statistics		
	第一坐标 Dim1	第二坐标 Dim2	贡献率之和 Quality	和占百分比 Mass	变量占特征值比 Inertia
Alfatoxin	-0.1296	0.0432	0.8804	0.1887	0.2443
Vomitoxin	-0.0627	-0.0342	0.6891	0.2792	0.126
T-2toxin	0.1136	-0.0506	0.8473	0.1029	0.1147
Zearalenone	0.1496	0.1194	0.9925	0.1333	0.3005
Fumonisin	0.0755	-0.098	0.8531	0.1648	0.1806
Ochratoxin	-0.0163	0.0521	0.7033	0.1311	0.0339

3.5.7.5　霉菌毒素的欧氏距离分析

霉菌毒素在双因子上的载荷信息，其代表霉菌毒素在平面直角坐标系上的位置，坐标系内两点间的直线距离就是欧氏距离，欧氏距离的大小代表不同霉菌毒素的相近程度。如表 3.33 可知，Alfatoxin 和 Vomitoxin 之间的距离为 7.384564、Fumonisin 和 Vomitoxin 之间的距离为 8.811732。由此可以看出霉菌毒素的差异，Zearalenone 和 Ochratoxin 之间的距离最短，即 Zearalenone 和 Ochratoxin 较为接近；T-2toxin 和 Vomitoxin 的距离最大，表明 T-2toxin 和 Vomitoxin 之间的差异较大。

表 3. 33　霉菌毒素的欧氏距离分析

Tab. 3. 33　The seuclidean distance analysisof mycotoxin

	Alfatoxin	Vomitoxin	T-2toxin	Zearalenone	Fumonxion
Vomitoxin	7. 384564				
T-2toxin	6. 356919	13. 505213			
Zearalenone	3. 87595	11. 021966	2. 817716		
Fumonxion	2. 594201	8. 811732	5. 000552	2. 923278	
Ochratoxin	4. 252889	11. 537439	2. 239678	1. 269562	3. 443708

3.5.7.6　霉菌毒素的贡献率及信息量分析

每个公因子上的每个变量的贡献率显示，Alfatoxin 和 Zearalenone 在第一公因子上的贡献率较大，Ochratoxin 和 Fumonisin 在第一公因子上的贡献率较小；相反，Ochratoxin 和 Fumonisin 在第二公因子上的贡献率较大，Alfatoxin 和 Zearalenone 在第二公因子上的贡献率较小。

变量在双公因子上的贡献率是表中的贡献率之和。由表 3. 34 可见，变量在双公因子上的贡献率显示，霉菌毒素在第一公因子上的贡献率相对于第二公因子有绝对优势。这也可以说明，第一坐标轴（第一公因子）可以代表不同霉菌毒素信息。在信息量和总信息量中，0、1 和 2 是各变量的坐标对特征值贡献多少的标志，贡献少、中、多分别用 0、1、2 表示。因此可以看出，坐标对特征值贡献较多的是 Zearalenone，而 T-2toxin 坐标对特征值的贡献率较少。

表 3. 34　霉菌毒素的贡献率及信息量分析

Tab. 3. 34　The contribution rate and information analysis of mycotoxin

营养指标	公因子上变量的贡献率 Partial Contributions		变量在公因子上贡献率 Squared Cosines		信息量 Contribute Most to Inertia		总信息量 Best Contribute
	第一坐标 Dim1	第二坐标 Dim2	第一坐标 Dim1	第二坐标 Dim2	第一坐标 Dim1	第二坐标 Dim2	
Alfatoxin	0. 3319	0. 0738	0. 7922	0. 0882	1	0	1
Vomitoxin	0. 1147	0. 0683	0. 5308	0. 1583	1	0	1
T-2toxin	0. 139	0. 0551	0. 7071	0. 1402	1	0	1
Zearalenone	0. 3124	0. 3974	0. 6064	0. 3862	2	2	2

（续表）

营养指标	公因子上变量的贡献率 Partial Contributions		变量在公因子上贡献率 Squared Cosines		信息量 Contribute Most to Inertia		总信息量 Best Contribute
	第一坐标 Dim1	第二坐标 Dim2	第一坐标 Dim1	第二坐标 Dim2	第一坐标 Dim1	第二坐标 Dim2	
Fumonisin	0.0984	0.3311	0.3177	0.5354	0	2	2
Ochratoxin	0.0036	0.0744	0.0624	0.6409	0	2	2

3.5.7.7 霉菌毒素的对应分析

将不同贮藏阶段的干草捆与各霉菌毒素的对应分析结果绘制图，如图 3.74 所示。从图中可以看出，不同的干草捆在纵坐标（第二坐标）两侧，由于不同处理与各霉菌毒素距离的远近表示彼此之间关系的密切程度，由图可知，处理 1、5 和处理 7 与 Ochratoxin 关系密切，表明处理 1 和处理 7 的 Ochratoxin 含量较高。T-2toxin 与处理 6 关系密切，表明处理 6 的 T-2toxin 含量较高。处理 2 和 Alfatoxin 关系密切，表明处理 2 中 Alfatoxin 含量较高。处理 4 和处理 3 与 Vomitoxin 关系密切，表明处理 4 和处理 3 中 Vomitoxin 含量较高。

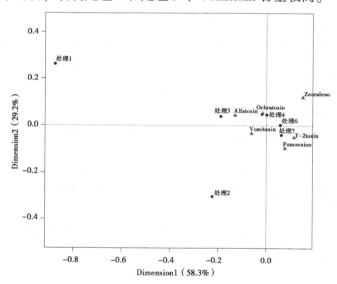

图 3.74　霉菌毒素的对应分析

Fig. 3.74　The corresponding analysis of mycotoxin

4 讨论

4.1 苜蓿收获技术条件的探讨

近些年来，国内外学者一直对刈割时期与苜蓿田间产量、生长性能和营养品质之间的相关性问题进行研究。姬永连（2003）试验研究表明，初花期（10%植株开花）刈割紫花苜蓿可以获得最高的鲜草产量。杨恩忠等（1986）通过试验得出，随着生育期的推移，紫花苜蓿田间产量逐渐增加，当苜蓿进入盛花期时，产量达到最大，然后又开始下降。一些学者还认为，紫花苜蓿的最佳刈割期应该是植物根茎部位长出大量新生芽或苜蓿第一朵花出现至 10%苜蓿植株开花阶段，此时收获的紫花苜蓿田间产草量比较高、植物体内营养物质含量比较高、根茎部位养分含量积累较高和单位面累积营养物质含量较高的优点。Jefferson（1992）研究表明，紫花苜蓿在 50%开花期进行刈割所获的干物质产量比在现蕾期高出 17 个百分点，但是此时收获的紫花苜蓿中营养物质含量却远低于现蕾期刈割的紫花苜蓿。紫花苜蓿秋季最后一次刈割期会对翌年植株的生长、根部积累糖类物质产生重要影响。一般而言，秋季最后一次刈割期应该为早霜来临前 30d 左右，这样就能够保证根部贮存足够量的营养物质，从而安全越冬。如果秋季最后一次刈割期过晚，紫花苜蓿根茎部位的碳水化合物含量就会很少，不利于第二年春季再生和当年越冬。

合理的刈割次数对苜蓿单茬产量、年际间总产量、植株生长性能和牧草品质等具有重要意义。刈割次数的合理增加，能够降低苜蓿植株的茎叶比、促进植物体的再生能力和分蘖能力，从而提高田间产草量和牧草品质；但是过度的刈割次数又会致使植物体内光合作用产物大量减少，不利于植物根茎部位营养物质含量的积累和贮存，从而致使田间产量降低。孙德智等（2005）通过试验表明，刈割次数的增加会导致紫花苜蓿返青率下降，一年内刈割牧草 5 次，其根干重最小、刈割牧草 3 次，根干重最大；一年内刈割牧草 5 次，其根部总糖量最小、刈割 2 次或 4 次，根部总含糖量最大，一年内刈割 3 次、4 次与 2 次、5 次可分别获得田间最大鲜草产量和最低产量；刈割 2 次或 4 次紫花苜蓿翌年产草量比刈割 3 次、4 次、5 次翌年产草量高出 10.6%、9.7% 和 20.2%。樊江文（2001）研究发现，紫花苜蓿刈割次数的增加会致使植物分枝数、植株高度和单株重下降，导致产草量降低。曹致中（1992）在甘肃地区的田间试验得出，一年内刈割紫花苜蓿 5 次并不能够使苜蓿株高较一年刈割 3 次时有所提高，反而会下降，而且一年刈割 5 次的紫花苜蓿越冬死亡率显著高于一年刈割 3 次。国外专家 Hageman（1983）发现，现蕾中期刈割的紫花苜蓿产量要低于初花期和盛花期的产量。

在实际生产中应综合考虑到种植地区的积温、降雨、生长季长短、土壤和灌溉浇水等条件，当紫花苜蓿种植区内气候温暖、降雨量比较充足、生长季节较长或者灌溉水条件适宜，则可适当增加刈割次数。不同种植区的紫花苜蓿刈割次数的确定还要考虑到不同苜蓿品种的生长发育情况和品种特性。

刈割留茬高度会对牧草生产性能和营养品质产生影响。高留茬高度会导致苜蓿基部茎、叶片大量浪费，降低产草量；低留茬高度可增加产草量，但会对根部碳水化合物合成与积累产生影响，致使再生能力和新生枝条的存活能力大大降低，从而影响再生草的田间产草量和存活率。

通过苜蓿不同留茬高度、不同刈割期和不同刈割次数对紫花苜蓿的草产量和营养品质的研究得出苜蓿最适刈割期应为初花期；最适留茬高度应为5~6cm；最适刈割次数应为 3 次。本研究所得结果与国内外专家学者的研究结果基本一致。

4.2 加工方式对苜蓿干草捆贮藏后营养品质变化影响的探讨

苜蓿干草捆含水量的高低会对牧草营养品质产生重要影响，当打捆含水量过高时，则会容易引起草捆内部发霉变质；打捆含水量过低，又会导致牧草营养物质严重流失。因此，打捆含水量的确定对获得优质高产苜蓿非常重要。

打捆密度也会在很大程度上影响苜蓿营养品质。过低打捆密度，虽利于草捆内部水分散失，但由于密度过低，草捆松散，空隙较大，不利于保持草捆形状，而且在运输贮藏的过程中极易受到外界环境的影响，叶片很容易脱落，从而使草捆的整体营养价值下降。过低打捆密度还会致使草捆中空气易流通，更加有利于草捆内部霉菌类微生物的生长代谢活动，从而消耗草捆中大量营养物质。当打捆密度较高时，虽然能够很好地解决由于打捆密度过低而导致的上述问题，但是过高打捆密度使草捆内部由于微生物代谢活动产生的水分和热量不易散失，也可引起草捆发霉变质，降低草捆营养成分和饲用价值。因此适当打捆密度对保证获得优质干草捆具有重要作用。

粗蛋白质和 RFV 是评价干草捆饲用价值的重要指标。叶片中所含粗蛋白质含量是茎秆 2 倍之多，所以叶片含量的多少直接决定了干草捆内粗蛋白质含量的高低。Friesen（1993）研究表明，当苜蓿干草在 20% 和 30% 含水量下进行打捆，贮藏 360d 后，CP 含量与 25% 含水量的干草捆相比，分别下降 10% 和 20%；RFV 分别下降 19 和 26。本试验研究发现，C8、C16 与 C12 处理相比，CP 含量分别下降 8% 和 17%；RFV 分别下降 18 和 27，与 Friesen 的研究结果基本一致。

一般情况下，牧草饲用价值与 NDF 和 ADF 含量成反比，即 ADF 含量越高、牧草饲用价值和消化率越低。高彩霞（1997）研究表明，苜蓿在含水量为 29% 条件下打捆，比传统方法中含水量在 15% 左右条件下打捆，NDF、ADF 极显著低于后者。本试验研究发现，C12 与 C8 处理相比，NDF 和 ADF 含量极显著低于后者，与高彩霞的研究结果一致。

粗灰分是衡量苜蓿干草中无机矿物质元素含量多少的指标。高彩霞（1996）研究表明，苜蓿在含水量为 29% 条件下打捆，比传统方法中含水量在 15% 左右条件下打捆，粗灰分差别不大。本试验研究发现，不同加工方式下处理的干草捆，在贮藏 360d 后，C12 与其他处理相比，差异显著，原因可能是在对 C12 取样时混入少量泥沙，导致 Ash 含量与其他处理相比较高。其他处理草捆之间 Ash 含量差异不显著。

WSC 属于非结构性碳水化合物，是动物体内热能的主要来源，理论上 WSC 含量达到干物质的 10% 以上才能够保证苜蓿原料品质优良，但由于苜蓿种类、刈割茬次、刈割期和不同加工处理方式等因素影响，导致 WSC 含量差异变化较大。本研究发现，不同加工方式处理的草捆中 WSC 含量差异显著。当

WSC 含量在密度固定、不同含水量时，所有处理都呈现出先上升后下降的趋势；当 WSC 含量在水分固定，不同密度时，WSC 含量变化趋势不显著。由此可见，打捆含水量对贮藏期内不同处理中 WSC 含量影响起主导作用。

苜蓿富含钙、磷、铁、镁等多种元素，是畜禽日粮中很好的矿物质来源。高文俊等（2006）报道，用添加 3%~6% 的苜蓿草粉日粮饲喂家畜时，可显著促进动物生长、改善畜产品品质、提高动物免疫机能。苜蓿中 Ca 含量为 0.50%~1.90%，远高于禾本科牧草，其叶片中钙、磷含量分别比茎秆部位钙、磷含量高出 150% 和 50%。因此保存苜蓿干草捆中叶片含量对提高牧草饲用价值具有重要意义。国内外学者一直以来都对加工方式对贮藏期内苜蓿干草捆中矿物质元素变化规律进行研究，结果表明贮藏期内苜蓿干草捆中矿物质元素含量的多少主要取决于苜蓿干草刈割时期的选择。本研究发现，不同加工方式对贮藏 360d 后各处理干草捆中 Ca、K、Mg 和 P 元素基本没有影响。产生这种现象的原因为不同加工方式处理的干草捆都是以第一茬次初花期苜蓿为试验原料，刈割时期的固定致使不同处理的干草捆之间 Ca、K、Mg 和 P 元素差异不显著，这与前人研究结果一致。

苜蓿干草中氨基酸种类齐全，其营养价值和饲喂效果高于大豆饼、花生饼等。苜蓿干草中蛋氨酸和赖氨酸含量分别约为 1.05g/100g 蛋白质和 1.38 g/100g 蛋白质。田春丽（2014）和姜文清（2015）等研究结果表明，当日粮中添加苜蓿草粉时，可明显增加奶牛体重和产奶量、改善奶品质、降低饲料消耗率和提高饲料转化率等效果。目前，针对不同加工方式对苜蓿干草捆贮藏期内氨基酸含量的研究比较少。本研究发现，蛋氨酸和赖氨酸含量在密度固定、不同含水量时，都呈现出先上升后下降的趋势，差异显著；在水分固定，不同密度时，含量基本都没有变化。在所有处理中，C12 处理中蛋氨酸和赖氨酸含量较高，分别为 0.07DM% 和 0.33 DM%。

4.3 加工方式对苜蓿干草捆贮藏后霉菌毒素变化影响的研究

一般而言，苜蓿最适宜打捆含水量为 15%~18%，但在此低密度下打捆会致使叶片大量脱落，降低干草捆营养价值；当在 25% 打捆含水量以上时进行打捆，虽可避免叶片脱落，增加叶片含量，但高水分干草捆在贮藏期内由于草捆内部水分不易散失，温度升高，很容易引起草捆发霉变质，造成草捆内部霉菌毒素滋生和营养成分严重流失。本研究发现，贮藏360d后，在密度固定、打捆含水量不同的处理草捆中，6种霉菌毒素含量随打捆含水量增加呈现都呈现出先下降后上升的变化趋势。在打捆含水量为13%和19%的处理草捆中，6种毒素含量最高、干草捆营养价值最低；在打捆含水量为17%的处理草捆中，6种毒素含量相对较低、干草捆营养价值保存较好。因此，在实际生产中，可选择干草含水量17%、在早晨或晚上空气相对湿度较大时进行打捆作业以降低叶片损失和破碎、防止贮藏期间霉菌毒素含量的积累。

此外，打捆密度也会对干草捆在贮藏期内霉菌毒素含量产生影响。吴良鸿（2008）研究表明，当打捆含水量为安全含水量时，打捆密度越高，草捆内部间隙越小，霉菌毒素不易滋生，营养成分越好。当高水分打捆时，过高打捆密度和过低密度都会引起干草捆在贮藏期内营养成分严重流失和霉菌毒素的滋生，打捆密度过高，干草捆内水分无法散失，从而引起草捆内部温度升高，造成严重的热害损失；打捆密度过低，虽可避免热害损失，但草捆松散、空隙大，为霉菌类微生物创造了有利的有氧繁殖环境条件，导致干草捆在贮藏过程中发生霉变、营养成分流失。本研究发现，贮藏360d后，在打捆含水量固定、密度不同的处理草捆中，除19%含水量处理的干草捆中6种霉菌毒素含量随打捆密度的增加呈现逐渐上升的趋势外，其他处理草捆中6种霉菌毒素含量均呈现出逐渐下降的趋势。在打捆密度为60kg/m³和100 kg/m³的处理草捆中，6种毒素含量最高、干草捆营养价值最低；在打捆含水量为180%的处理草捆中，6种毒素含量相对较低、干草捆营养价值保存较好，这与吴良鸿研究结果一致。因此，在实际生产中，选择打捆密度为180 kg/m³的干草捆进行贮藏，可有效防止干草捆霉变。

尹强（2010）研究表明，苜蓿干草捆含水量为28%、打捆密度为100kg/m³时，添加2%的CaO可大大减少霉变损失，草捆营养保存较好。综合考虑打捆密度和打捆含水量对贮藏期内干草捆内部霉菌毒素的影响，本试验得出打捆密度为180 kg/m³、打捆含水量为17%的苜蓿干草捆在贮藏360d后，营养品质保存较好、霉变程度较低，这与尹强的研究结果不同，原因可能是研究者在打捆含水量28%、打捆密度100kg/m³的干草捆中添加了2%的CaO防霉剂，减少了霉菌类微生物的滋生，降低了霉菌毒素含量。

4.4 贮藏条件对苜蓿干草捆贮藏期内营养品质变化影响的研究

贮藏环境及时间与苜蓿干草捆内营养品质变化的相关性一直是国内外专家研究的热点问题。Goto 等于（1986）年报道，苜蓿草捆内粗蛋白质含量和相对饲用价值会随着贮藏期的延长而降低。Fornnesbeck 等在（1980）也开展了类似试验，试验结果表明，苜蓿草捆内部粗蛋白质下降的原因有可能是自体溶解，即苜蓿体内酶代谢过程逐渐取代了生理生化过程，致使死亡细胞内物质发生了转化，从而损失了粗蛋白质。Paster 和 Lisker（1982）试验得出，在高湿度条件下贮藏苜蓿干草，蛋白质的含量会随着贮藏期的延长而降低。本试验表明，随贮藏时间的延长，干草捆内 CP 和 RFV 含量显著下降，贮藏至 360d 时，CP 和 RFV 含量最低，贮藏环境会对苜蓿干草捆内 CP 和 RFV 含量产生影响，这与前人研究结果一致。同时试验结果还得出，温度和相对湿度与苜蓿干草捆内 CP 和 RFV 含量相关性方程分别为 $CP = -20.2001 - 2.5984x_1 + 1.6724x_2 + 0.0687x_1x_2 - 0.0750x_1{}^2 - 0.0192x_2{}^2$（$P < 0.05$，$R^2 = 0.8764$）；$RFV = -11.3583 - 7.1322x_1 + 5.1538x_2 + 0.1800x_1x_2 - 0.1540x_1{}^2 - 0.0561x_2{}^2$（$P < 0.05$，$R^2 = 0.7796$）。

牧草中酸性洗涤纤维和中性洗涤纤维含量是衡量家畜采食率和消化率的重要指标。王根旺研究表明，适合家畜采食的优质牧草中，酸性洗涤纤维的含量一般都要占干物质含量 40% 以下，中性洗涤纤维的含量要占干物质的百分含量为 50% 以下。景学燕等通过奶牛饲喂试验得出，不同年龄段的奶牛对牧草中中性洗涤纤维的含量范围要求在 38%~48%，只有在这个范围内，奶牛才可正常生长。瘤胃内挥发性脂肪酸的主要底物就是中性洗涤纤维，若家畜采食过量中性洗涤纤维，可能会导致家畜酸中毒现象。Van Sorest 等于（1989）年研究表明，泌乳牛日粮中最适宜的酸性洗涤纤维含量范围是 19%~21%，高于或者低于标准值都不利于反刍动物健康。因此，研究贮藏环境及时间对苜蓿干草捆中 NDF 和 ADF 含量的影响对保障畜牧业健康发展意义重大。本试验表明，随贮藏时间的延长，干草捆内 NDF 和 ADF 含量显著上升，贮藏至 360d 时，NDF 和

ADF 含量最高；贮藏环境（温度和相对湿度）会对苜蓿干草捆内 NDF 和 ADF 含量产生影响，相关性方程分别为 NDF $= 3.5134 - 2.2379x_1 + 1.4515x_2 + 0.0609x_1x_2 - 0.0755x_{12} - 0.0165x_{22}$（$P<0.05$，$R^2 = 0.5819$）；ADF $= 9.625 - 2.4622x_1 + 1.6179x_2 + 0.0677x_1x_2 - 0.0848x_1^2 - 0.0185x_2^2$（$P<0.05$，$R^2 = 0.4601$）。

牧草粗灰分是指标准样本在 550~600℃ 马弗炉内缓缓炽热，待牧草中全部有机质氧化后剩余的残渣的含量。粗灰分的主要成分为盐类、矿物质氧化物和泥沙等。本试验研究表明，贮藏环境及时间对苜蓿干草捆中 Ash 含量影响不显著。可溶性碳水化合物在植物生理代谢中占有重要位置，其不仅对苜蓿的生长发育有着重要的作用，同时还与苜蓿的抗逆性有关。本试验研究表明，随贮藏时间的延长，干草捆内 WSC 含量显著下降，贮藏至 360d 时，WSC 含量最低；贮藏环境（温度和相对湿度）会对苜蓿干草捆内 WSC 含量产生影响，相关性方程为 WSC $= -19.5602 - 1.9530x_1 + 1.2931x_2 + 0.0526x_1x_2 - 0.0612x_1^2 - 0.0147x_2^2$（$P<0.05$，$R^2 = 0.9043$）。

苜蓿干草中矿物质元素含量的多少决定了苜蓿干草产量的高低、光合呼吸作用和根瘤固氮能力的强弱。李娜（2015）研究得出，牧草中钙元素不仅能够起到稳定细胞壁和细胞膜的作用，还可以通过第二信使传递，起到调节细胞内渗透压和促进酶过程的功效。田春丽（2014）报道，贮藏温度越高，植物细胞液中有机酸钙的含量越低。本试验研究表明，随贮藏时间的延长，干草捆内 Ca 含量显著下降，贮藏至 360d 时，Ca 含量最低。不同贮藏时间内，各处理差异显著；贮藏环境会对苜蓿干草捆内 Ca 含量产生影响。同时试验结果得出，温度和相对湿度与苜蓿干草捆内 Ca 含量相关性方程为 Ca $= -4.9709 - 0.3887x_1 + 0.2591x_2 + 0.0098x_1x_2 - 0.0099x_1^2 - 0.0028x_2^2$（$P<0.05$，$R^2 = 0.9548$）。

磷元素和钾元素含量的多少决定了牧草根瘤固氮能力的强弱和产量的高低。相关研究表明，磷元素占苜蓿营养成分的 0.2%~0.4%，施加磷肥会使苜蓿叶片厚重，增加种子产量。Sanderson（1993）研究指出，磷元素具有促进植物根的结瘤速率、根瘤鲜重和根系发育的作用。张晓燕（2017）研究表明，钾元素是苜蓿生长的必须营养元素，其在植物体内含量为 2.3%~2.5%。田福平（2015）研究表明，苜蓿产量与钾元素含量呈正比。本试验研究表明，随贮藏时间的延长，干草捆内 P 和 K 含量显著下降，贮藏至 360d 时，P 和 K 含量最低。不同贮藏时间内，各处理差异显著；贮藏环境会对苜蓿干草捆内 P 和 K 含量产生影响。同时试验结果得出，温度和相对湿度与苜蓿干草捆内 P 和 K 含量相关性方程分别为 $P = -0.9569 - 0.0828x_1 + 0.0534x_2 + 0.0021x_1x_2 - 0.0023x_1^2 - 0.0005x_2^2$（$P < 0.05$，$R^2 = 0.9379$）；$K = -7.6270 - 0.6084x_1 + 0.4126x_2 + 0.0147x_1x_2 - 0.01391x_1^2 - 0.0045x_2^2$（$P < 0.05$，$R^2 = 0.8014$）。

镁元素主要存在于苜蓿幼嫩器官和组织中，是叶绿素的合成的主要成分之一。据相关资料表明，镁元素可在光合和呼吸代谢过程中活化各种磷酸变位酶和磷酸激酶。本试验研究表明，随贮藏时间的延长，干草捆内 Mg 含量显著下降，贮藏至 360d 时，Mg 含量最低。不同贮藏时间内，各处理差异显著；贮藏环境会对苜蓿干草捆内 Mg 含量产生影响。同时试验结果得出，温度和相对湿度与苜蓿干草捆内 Mg 含量相关性方程为 $Mg = -0.6876 - 0.0704x_1 + 0.0440x_2 + 0.0019x_1x_2 - 0.0023x_1^2 - 0.0005x_2^2$（$P < 0.05$，$R^2 = 0.9361$）。

氨基酸是苜蓿生长发育所必需的营养物质，也是评价苜蓿营养价值高低的关键指标。张婷婷（2012）和翟文栋（2014）等研究表明，苜蓿干草中蛋氨酸的含量大约为 1.5%，随贮藏时间的延长，苜蓿中蛋氨酸和赖氨酸含量的缺失，会限制反刍动物生长、降低动物机体内乳蛋白含量、抑制奶牛生长和影响动物机体功能。因此研究贮藏环境及时间对苜蓿干草捆内氨基酸含量的变化对评估牧草营养品质和饲用价值具有极其重要的作用。本试验研究表明，随贮藏时间的延长，干草捆内蛋氨酸和赖氨酸含量显著下降，贮藏至 360d 时，二者含量最低。不同贮藏时间内，各处理差异显著；贮藏环境会对苜蓿干草捆内蛋氨酸和赖氨酸含量产生影响。同时试验结果得出，温度和相对湿度与苜蓿干草捆内蛋氨酸和赖氨酸含量相关性方程分别为 $Methionine = -1.1729 - 0.0898x_1 + 0.0621x_2 + 0.0023x_1x_2 - 0.0024x_1^2 - 0.0006x_2^2$（$P < 0.05$，$R^2 = 0.9693$）；$Lysine = -3.896 - 0.3048x_1 + 0.2073x_2 + 0.0075x_1x_2 - 0.007x_1^2 - 0.0022x_2^2$（$P < 0.05$，$R^2 = 0.9150$）。

本试验通过对应分析也证实了不同贮藏时间会对苜蓿干草捆内营养品质产生影响的观点。以 CP 为例，贮藏时间对苜蓿干草捆内 CP 含量的对应分析结果中，C1 处理和 C2 处理与 CP 含量之间欧氏距离最近，表明贮藏前期苜蓿干草捆中 CP 含量较高，C3、C4、C5、C6 和 C7 处理与 CP 含量之间欧氏距离最远，表明随贮藏期的延长，苜蓿干草捆中 CP 含量逐渐降低。通过温度和相对湿度与苜蓿干草捆内营养物质含量的三维图和等值线图可知，贮藏环境（温度和相对湿度）对苜蓿干草捆内营养物质含量影响强弱顺序为：Methionine＞Ca＞P＞Mg＞Lysine＞WSC＞CP＞K＞RFV＞NDF＞ADF＞Ash。

4.5　贮藏环境对苜蓿干草捆贮藏期内霉菌毒素变化影响的研究

黄曲霉毒素是一种仓储性毒素，其存在范围广泛，玉米和饲料中经常可以检测出黄曲霉毒素的存在。苜蓿干草捆在贮藏期内，黄曲霉毒素含量的变化与贮藏时间之间存在着线性关系，当外界环境温度为 22~24℃、相对湿度为76%~78%时，苜蓿草捆中最容易产生黄曲霉毒素。王守经（2010）研究报道指出，黄曲霉毒素含量与环境温度和水活度之间存在一定的联系。当水活度低于 0.80 或者外界生长环境温度低于 10℃时，黄曲霉菌生长缓慢，黄曲霉毒素含量很低；当水活度高于 0.08、外界生长环境温度超过 30℃时，黄曲霉菌会快速生长，产生大量黄曲霉毒素。Maonson W G（1966）研究表明，苜蓿在刈割、翻晒、运输和贮藏过程等环节中都可以受到黄曲霉毒素的污染。

黄曲霉毒素对动物生产性能、组织器官发育和肝脏脂类代谢都有影响。赵丽红（2012）研究表明，当蛋鸡采食被黄曲霉毒素污染的饲料后，会发生食欲下降、采食量下降和体重下降等中毒特征。Reddy（2005）研究发现，当反刍动物采食被黄曲霉毒素污染的饲料时，肝脏器官会发生肿大苍白、脂肪沉积变性、肝细胞增生、肝小叶坏死和胆管上皮增生等中毒情况，如不及时制止，家畜会因为肝脏出血而死亡。本试验研究表明，随贮藏时间的延长，干草捆内黄曲霉毒素含量显著上升，贮藏至 360d 时，含量最高。不同贮藏时间内，各处理差异显著；贮藏环境会对苜蓿干草捆内黄曲霉毒素含量产生影响。同时试验结果得出，温度和相对湿度与苜蓿干草捆内黄曲霉毒素含量相关性方程为 Alfa-toxin $= 19.7338+0.7419x_1-0.5005x_2-0.0179x_1x_2-0.013x_1^2-0.0057x_2^2$（$P<0.05$，$R^2=0.8352$）。

苜蓿干草捆中的呕吐毒素与产毒霉菌、外界温度、湿度、通风条件都有密切关系。杨信（2017）研究表明，抽穗后的小麦，在较高的温度和湿度下，会产生呕吐毒素，当环境温度为 22~28℃、相对湿度为 65% 时，会产生大量毒素。而在温度为 37℃ 以上时，则很少会产生呕吐毒素。陆源（2017）研究得出，相对湿度固定，25℃ 下贮藏的小麦中呕吐毒素含量显著高于 15℃ 下贮藏的小麦。随着贮藏时间的延长，温度越高，草捆内部呕吐毒素的含量也越高。很多报道指出，呕吐毒素对人体器官具有严重的损害作用。郭佳怡 2015 年指出，一次性摄入高剂量的呕吐毒素会导致休克性死亡。陈建伟等于 2012 年得出，人体所患的克山病、大骨节病和食管癌等病症都与呕吐毒素有密切关系。本试验研究表明，随贮藏时间的延长，干草捆内呕吐毒素含量显著上升，贮藏至 360d 时，含量最高。不同贮藏时间内，各处理差异显著；贮藏环境会对苜蓿干草捆内呕吐毒素含量产生影响。同时试验结果得出，温度和相对湿度与苜蓿干草捆内呕吐毒素含量相关性方程为 $Vomitoxin = 56.7592 + 1.7349x_1 - 1.5191x_2 - 0.0190x_1x_2 - 0.0344x_1^2 - 0.0138x_2^2$（$P<0.05$，$R^2 = 0.6991$）。

烟曲霉毒素损害具有普遍性、蓄积性、协同性和隐蔽性。当家畜采食被烟曲霉毒素污染的饲料后，会发生消化系统、免疫系统受损，呕吐等中毒现象。目前，国内外对苜蓿干草捆贮藏阶段烟曲霉毒素积累规律的研究非常少。本试验研究表明，随贮藏时间的延长，干草捆内烟曲霉毒素含量显著上升，贮藏至 360d 时，含量最高。不同贮藏时间内，各处理差异显著；贮藏环境会对苜蓿干草捆内呕吐毒素含量产生影响。试验结果得出，温度和相对湿度与苜蓿干草捆内烟曲霉毒素含量相关性方程为 $Fumonxion = 18.3053 + 0.8449x_1 - 0.5500x_2 - 0.0237x_1x_2 - 0.0276x_1^2 - 0.0066x_2^2$（$P<0.05$，$R^2 = 0.6575$）。

T-2 毒素是单端孢霉烯组中毒性最强的一种毒素。不同剂量的 T-2 毒素对家畜和人体会造成不同程度的损伤。研究报道指出，当人和动物摄入被 T-2 毒素污染的食物时，会出现不同的病发作，例如，呕吐、腹泻、厌食、体重下降、内分泌系统失调和循环性休克。殷蔚申（1989）年进行了智能气调贮藏和缺氧条件下贮藏过程中 T-2 毒素含量变化的研究，结果表明，贮藏初期的稻谷中 T-2 毒素含量很少，主要寄生菌为田间真菌；当贮藏两年后，稻谷中田间真菌基本消失，但是贮藏真菌大幅增加，而且产生了大量 T-2 毒素。与此同时，稻谷的脂肪酸值升高、可溶性碳水化物和发芽率严重下降。高亚男（2017）和朱凤民（2017）等研究得出，T-2 毒素会猪的繁殖性能产生重要影响，中毒后，家畜主要表现为采食量下降，体重增长慢，生长受阻。本试验研究表明，随贮藏时间的延长，干草捆内 T-2 毒素含量显著上升，贮藏至 360d 时，含量最高。不同贮藏时间内，各处理差异显著；贮藏环境会对苜蓿干草捆内 T-2 毒素含量产生影响。试验结果得出，温度和相对湿度与苜蓿干草捆内 T-2 毒素含量相关性方程为 T-2toxin = 11.6133 + 0.5912x_1 − 0.3593x_2 − 0.0212$x_1 x_2$ − 0.0274x_1^2 − 0.0051x_2^2 （$P < 0.05$，$R^2 = 0.9987$）。

对于玉米和饲料原料来说，影响赭曲霉毒素发生的主要原因是贮藏温度、大气相对湿度、收获时的外界环境、贮藏方式、堆垛方式等。Abrar（2013）通过对玉米进行研究得出，当贮藏温度为 15～20℃、水活度为 0.98 时，玉米中的赭曲霉毒素含量最大。贺亮（2017）通过对花生贮藏试验得出，当花生干燥的水分活度值保持在 0.91 左右时，能够减少赭曲霉毒素的产量。除此之外，还有人研究得出，因饲料原料中所含营养成分的不同，也会对赭曲霉毒素的产生条件有一定的影响。

本试验研究表明，随贮藏时间的延长，干草捆内赭曲霉毒素含量显著上升，贮藏至 360d 时，含量最高。不同贮藏时间内，各处理差异显著；贮藏环境会对苜蓿干草捆内赭曲霉毒素含量产生影响。试验结果得出，温度和相对湿度与苜蓿干草捆内赭曲霉毒素含量相关性方程为 Ochratoxin = 18.8208 + 1.3875x_1 − 0.8243x_2 − 0.0407$x_1 x_2$ − 0.0512x_1^2 − 0.01059$^2 x_2$（$P < 0.05$，$R^2 = 0.9443$）。

由于贮藏时期内降雨量、空气温度、大气相对湿度等因素都有可能影响饲料的营养品质，因此，很多学者关于对贮藏阶段内饲料中玉米赤霉烯酮含量的报道不尽一致。当原料收获期恰值雨季、降雨量多、空气相对湿度高时，苜蓿田间收获和贮藏阶段内就会产生大量的玉米赤霉烯酮。研究表明，温度冷暖交替或者温度长时间内接近冰点时，极有利于玉米和饲料原料中的玉米赤霉烯酮毒素的增加。玉米和饲料原料中的玉米赤霉烯酮毒素可以通过食物链被家畜和人类食用，从而产生一系列的中毒现象。Harvey（1989）研究表明，当日粮中的玉米赤霉烯酮毒素含量为 1mg/kg，就可以致使母猪发生子宫扩张、排卵量减少、发情期延长和乳房肿胀的中度现象，如果浓度达到 13mg/kg 时，就可以致使母猪不孕不育。曹金元（2018）研究表明，当蛋鸡采食被污染的饲料后，会发生产蛋率下降、卵巢缩小、鸡冠囊肿的中度症状。本试验研究表明，随贮藏时间的延长，干草捆内玉米赤霉烯酮含量显著上升，贮藏至 360d 时，含量最高。不同贮藏时间内，各处理差异显著；贮藏环境会对苜蓿干草捆内玉米赤霉烯酮含量产生影响。试验结果得出，温度和相对湿度与苜蓿干草捆内玉米赤霉烯酮含量相关性方程为 $Zearalenone = 18.0564 + 1.4790x_1 - 0.8202x_2 - 0.0468x_1x_2 - 0.0633x_1^2 - 0.0112x_2^2$（$P < 0.05$，$R^2 = 0.3070$）。在牧场经营管理时，经营者通常只关注存在于玉米、小麦、高粱等作物中的玉米赤霉烯酮毒素。但是当苜蓿草捆贮藏不当时，也会产生大量的玉米赤霉烯酮毒素。因此，及时准确检测出发霉草捆中的玉米赤霉烯酮毒素对保存牧草品质、提高干草饲用率具有重要意义。

本试验通过霉菌毒素对应分析也证实了不同贮藏时间会对苜蓿干草捆内霉菌毒素含量产生影响的观点。以黄曲霉毒素为例，贮藏时间对苜蓿干草捆内黄曲霉毒素含量的对应分析结果中，C6 处理和 C7 处理与黄曲霉毒素含量之间欧氏距离最近，表明贮藏 180d 和 360d 时苜蓿干草捆中黄曲霉毒素含量最高，C1、C2、C3、C4 和 C5 处理与黄曲霉毒素含量之间欧氏距离最远，表明随贮藏期的延长，苜蓿干草捆中黄曲霉毒素含量逐渐上升。通过温度和相对湿度与苜蓿干草捆内霉菌毒素含量的三维图和等值线图可知，贮藏环境（温度和相对湿度）对苜蓿干草捆内营养物质含量影响强弱顺序为：T-2toxin > Ochratoxin > Alfatoxin > Vomitoxin > Fumonxion > Zearalenone。

5 结论

综合本书研究结果与讨论，结论如下。

（1）综合考虑刈割期、留茬高度和刈割茬次对苜蓿产量和营养品质的影响，得出试验地区苜蓿最适留茬，高度为 5~6cm、最适刈割期为初花期、刈割茬次为 3 次。

（2）综合考虑加工方式对苜蓿干草捆贮藏 360d 时常规营养成分、矿物质元素、氨基酸和霉菌毒素含量的影响得出，不同加工方式处理的苜蓿干草捆内营养成分含量显著降低。其中，C12 处理中 CP 和 RFV 含量分别下降 5.66% 和 19.25%，与其他处理相比，差异显著（$P<0.05$）。不同加工方式处理的苜蓿干草捆内霉菌毒素含量显著升高。其中，C12 处理中 Alfatoxin、Vomitoxin、T-2toxin、Zearalenone、Fumonxion 和 Ochratoxin 含量分别上升 8.44%、2.75%、5.99%、5.58%、7.72% 和 5.25%，与其他处理相比，霉菌毒素含量最低，差异显著（$P<0.05$）。综合分析得出，贮藏 360d 时，C12（17% 含水量、180 kg/m³ 打捆密度）与其他处理相比，营养品质保存较好，霉变程度较低。

（3）综合考虑贮藏条件对苜蓿干草捆内常规营养成分、矿物质元素、氨基酸含量的影响得出：①贮藏环境（温度和相对湿度）与苜蓿干草捆内常规营养成分之间存在正相关关系，其中与 WSC 和 CP 含量相关程度最高，回归方程分别为 $WSC = -19.5602 - 1.9530x_1 + 1.2931x_2 + 0.0526x_1x_2 - 0.0612x_1^2 - 0.0147x_2^2$（$P<0.05$，$R^2 = 0.9043$）；$CP = -20.2001 - 2.5984x_1 + 1.6724x_2 + 0.0687x_1x_2 - 0.0750x_1^2 - 0.0192x_2^2$（$P<0.05$，$R^2 = 0.8764$）。贮藏环境（温度和相对湿度）与苜蓿干草捆内矿物质元素之间存在正相关关系，其中与 Ca 和 P 含量相关程度最高，回归方程分别为 $Ca = -4.9709 - 0.3887x_1 + 0.2591x_2 + 0.0098x_1x_2 - 0.0099x_1^2 - 0.0028x_2^2$（$P<0.05$，$R^2 = 0.9548$）；$P = -0.9569 - 0.0828x_1 + 0.0534x_2 + 0.0021x_1x_2 - 0.0023x_1^2 - 0.0005x_2^2$（$P<0.05$，$R^2 = 0.9379$）。贮藏

环境（温度和相对湿度）与苜蓿干草捆内氨基酸含量之间存在正相关关系，其中与 Methionine 含量相关程度最高，回归方程为 Methionine $=-1.1729-0.0898x_1+0.0621x_2+0.0023x_1x_2-0.0024x_1^2-0.0006x_2^2$（$P<0.05$，$R^2=0.9693$）。②贮藏时间会对苜蓿干草捆内常规营养成分含量产生影响，随贮藏时间的延长，干草捆内常规营养成分含量持续下降。当贮藏 90d 后，CP 含量显著降低（$P<0.05$）；贮藏 60d 后，RFV 含量显著降低（$P<0.05$）。贮藏时间会对苜蓿干草捆内 Lysine 和 Methionine 含量产生影响。随贮藏期的延长，Lysine 和 Methionine 含量呈现出平稳下降趋势。贮藏时间会对苜蓿干草捆内 Ca、P、Mg、K 含量产生影响，随贮藏时间的延长，矿物质元素含量持续下降，其中 Ca 和 K 含量随贮藏期的延长呈现出平稳下降趋势，P 和 Mg 含量在贮藏 10d 后，含量显著降低（$P<0.05$）。

（4）综合考虑贮藏条件对苜蓿干草捆内霉菌毒素含量的影响得出：①贮藏环境（温度和相对湿度）与苜蓿干草捆内霉菌毒素含量之间存在正相关关系，其中与 T-2toxin 和 Ochratoxin 含量相关程度最高，回归方程分别为 T-2toxin $=11.6133+0.5912x_1-0.3593x_2-0.0212x_1x_2-0.0274x_1^2-0.0051x_2^2$（$P<0.05$，$R^2=0.9987$）；Ochratoxin $=18.8208+1.3875x_1-0.8243x_2-0.0407x_1x_2-0.0512x_1^2-0.01059x_2^2$（$P<0.05$，$R^2=0.9443$）。②贮藏时间会对苜蓿干草捆内霉菌毒素含量产生影响，其中 Aflatoxin、Vomitoxin、T-2toxin 和 Ochratoxin 含量随贮藏期的延长呈现出平稳上升趋势；Fumonxion 和 Zearalenone 含量在贮藏 30d 后显著升高（$P>0.05$）。

参考文献

包乌云，赵萌莉，安海波，等．2015．刈割对不同苜蓿品种生长和产量的影响［J］．西北农林科技大学学报（自然科学版），43（2）：65-71．

曹金元，郭虹彩，张浩．2018．饲料霉变对蛋鸡的影响及预防措施［J］．养殖与饲料（1）：36-37．

曹宇，党萌，王明阳，等．2017．饲料中呕吐毒素的危害和生物脱毒方法研究进展［J］．中国猪业，12（6）：40-45．

曹致中．1992．苜蓿多刈试验报告［J］．牧草与饲料（3）：25-27．

曹致中．2005．草产品学［M］．北京：中国农业出版社．

陈宝书．2001．牧草饲料作物栽培学［M］．北京：中国农业出版社．

陈代文．2015．从动物营养学发展趋势看饲料科技创新思路［J］．饲料工业，36（6）：1-5．

陈峰．2018．浅谈影响饲料适口性的因素及改善措施［J］．畜禽业，29（2）：5-6．

陈光吉，吴佳海，娄芬，等．2018．干草产品防霉剂的研究进展［J］．黑龙江畜牧兽医（5）：84-88．

陈建伟，黄伟，陈谨华．2011．小麦与小麦粉中呕吐毒素含量的比较［J］．现代面粉工业，25（4）：51-52．

陈文贤，王玲玲．2010．不同干燥方法对热带牧草WSC等营养成分的影响［J］．畜牧与饲料科学，31（5）：28-30．

陈旭东，唐茂妍．2014．保持颗粒饲料适宜水分的方法［J］．饲料博览（2）：11-15．

程翠利，赵小会，蒋红梅，等．2018．黄曲霉及毒素防控技术研究进展［J］．食品工业（2）：296-300．

代玉立，甘林，阮宏椿，等．2017．福建省鲜食玉米小型叶斑病的病原菌

鉴定 [J]. 福建农业学报, 32 (12)：1341-1349.

戴玉强, 石宁, 李绍钰 . 2009. 霉菌毒素的危害及其吸附剂的研究进展 [J]. 动物营养与动科科学, 36 (11)：12-16.

单伶俐, 刘斌 . 2017. 饲料中霉菌毒素的污染及防控措施 [J]. 山东畜牧兽医, 38 (6)：74-75.

邓衔柏 . 2017. 霉菌毒素对养殖业的影响 [J]. 广东饲料, 26 (11)：44-46.

丁武蓉, 杨富裕, 郭旭生 . 2013. 高水分苜蓿干草捆防霉复合添加剂配方筛选 [J]. 农业工程学报, 29 (4)：285-292.

樊江文 . 2001. 红三叶再生草的生物学特性研究 [J]. 草业科学, 18 (4)：18-22.

范彩云, 苏娣, 李晓娇, 等 . 2017. 黄曲霉毒素 B1、赭曲霉毒素 A 和玉米赤霉烯酮联合对奶山羊肠道微生物的影响 [J]. 中国畜牧兽医, 44 (12)：3418-3425.

范小红, 杨得玉, 郝力壮, 等 . 2017. 青海省海晏县牧场牧草营养品质全年动态 [J]. 草业科学, 34 (11)：2359-2365.

冯骁骋, 曾洁, 王伟, 等 . 2018. 我国苜蓿产业发展现状及存在的问题 [J]. 黑龙江畜牧兽医 (2)：135-137.

冯月超, 马立利, 王红艳, 等 . 2014. 在线固相萃取-液相色谱质谱联用法检测水中 21 种有机污染物 [J]. 分析试验室, 33 (11)：1290-1295.

符金华, 杨琳芬, 董泽民, 等 . 2017. 饲料中常见真菌毒素的危害与检测技术及控制措施 [J]. 当代畜牧 (30)：30-33.

高安社, 章祖同, 安玉亮 . 1996. 六种调制牧草方法的模糊综合评价 [J]. 中国草地 (2)：56-59.

高彩霞, 王培, 高振生 . 1997. 苜蓿打捆前的含水量对营养价值和产草量的影响 [J]. 草地学报 (1)：27-32.

高彩霞 . 1996. 苜蓿干草贮藏技术的研究现状与进展 [J]. 国外畜牧学 (草原与牧草) (4)：9-14.

高彩霞 . 1997. 苜蓿干草加工调制与高水分贮藏技术的研究 [D]. 北京：中国农业大学：16-17.

高晶，袁建振，侯扶江，等 . 2018. 饲料及乳制品中黄曲霉毒素的检测 [J]. 草业科学，35（1）：222-231.

高文俊，董宽虎，郝鲜俊 . 2006. 日粮中添加苜蓿草粉对蛋鸡生产性能、蛋品质的影响 [J]. 山西农业大学学报（自然科学版）（2）：195-198.

高亚男，王加启，郑楠 . 2017. 牛奶中霉菌毒素来源、转化及危害 [J]. 动物营养学报，29（1）：34-41.

高尧华，滕爽，宋卫得，等 . 2018. 大豆、花生及粮油中 56 种农药残留量的检测方法 [J]. 大豆科学（2）：284-294.

龚阿琼，陈晖，全明旭，等 . 2018. 2017 年我国饲料原料及饲料毒素检测分析 [J]. 中国饲料（5）：91-93.

郭佳怡，陈洁，何润霞，等 . 2015. 呕吐毒素和其他 B 型单端孢霉烯族毒素对肠道影响研究进展 [J]. 畜牧与兽医，47（5）：147-150.

郭江泽 . 2009. 苜蓿青干草在调制和贮藏过程中的质量变化规律研究 [D]. 郑州：河南农业大学 .

郭正刚，刘慧霞，王彦荣 . 2004. 刈割对紫花苜蓿根系生长影响的初步分析 [J]. 西北植物学报（2）：215-220.

郭志明 . 2010. 苜蓿干草不同添加量对奶牛产奶量和乳脂率的影响 [J]. 畜牧兽医杂志，29（3）：20-23.

G Devegowda，D Ravikiran. 2009. 亚洲奶牛生产中的霉菌毒素问题 [J]. 中国奶牛（10）：51-54.

韩建鑫 . 2016. 原花青素对玉米赤霉烯酮致小鼠肝肾损伤的保护作用 [D]. 沈阳：沈阳农业大学 .

韩振海，欧长波，于思玉，等 . 2016. 呕吐毒素、烟曲霉毒素和玉米赤霉烯酮对畜禽的危害及防治进展 [J]. 中国家禽，38（18）：42-46.

何瑞芳，王卫芳，吴翠萍，等 . 2017. 进境美国苜蓿草携带的真菌种类鉴定 [J]. 植物检疫，31（1）：37-41.

何啸峰 . 2017. 液相色谱串联质谱法在检测食品霉菌毒素中的应用 [J]. 现代食品（24）：56-58.

何燕莉 . 2017. 原子吸收光谱法测定氨基酸葡萄糖注射液中钾、钠、钙、镁的含量 [J]. 今日药学，27（3）：161-163.

贺亮，郑文，刘玉峰，等.2017. 赭曲霉毒素 A 研究进展 [J]. 中国草食动物科学，37（5）：59-61，69.

洪绂曾，等.2001. 草业与西部大开发 [M]. 北京：中国农业出版社.

洪绂曾.1989. 中国多年生栽培草种区划 [M]. 北京：中国农业科技出版社.

胡贝贞，蔡海江，宋伟华.2012. 茶叶中氟虫腈等 8 种农药残留的液相色谱-串联质谱法测定及不确定度评定 [J]. 色谱，30（9）：889-895.

黄江涛，王俊杰，沈伟.2017. 饲料霉菌毒素的特征及影响山羊营养代谢的研究现状分析 [J]. 家畜生态学报，38（6）：86-90.

黄凯，宋明明，朱凤华，等.2013. 饲料中烟曲霉毒素的污染现状及其毒性作用 [J]. 中国饲料（22）：32-34，37.

黄志伟，刘利晓，李洪波.2017.10 种植物性饲料原料中 3 种霉菌毒素的污染分析和危害控制 [J]. 粮食与饲料工业（5）：41-43.

H V L N Swamy，敖志刚.2009. 霉菌毒素对养猪生产的危害与防制对策 [J]. 浙江畜牧兽医，34（2）：33.

姬永连.2003. 陇东紫花苜蓿主要生产性能研究 [J]. 草原与草坪，2：53-55.

贾存辉，钱文熙，吐尔逊阿依·赛买提，等.2017. 粗饲料营养价值指数及评定方法 [J]. 草业科学，34（2）：415-427.

贾丹妮，王丽，王琳，等.2018. 农产品及饲料中常见的真菌毒素快速检测方法的比较 [J]. 食品科技，43（2）：293-296.

贾涛.2017. 饲料生产企业建立检测实验室指导 [J]. 饲料与畜牧（23）：53-59.

贾婷婷，赵苗苗，吴哲，等.2017. 雨淋及干燥方式对紫花苜蓿干草品质的影响 [J]. 草地学报（6）：1362-1367.

贾玉山，张晓娜，格根图，等.2011. 苜蓿干草捆复合型天然防霉剂的研究 [J]. 中国草地学报，33（4）：63-67.

江朝鑫，杨炀，杨锁荣.2018. 霉菌毒素对养猪业的危害及其防治措施 [J]. 云南畜牧兽医（1）：5-9.

姜文清，周志宇，秦彧，等.2010. 西藏栽培牧草中氨基酸组成特点的研

究 [J]. 草业学报, 19 (5): 148-155.

景绍红, 胡占云, 景绍中. 2017. 真菌毒素的危害及其防治 [J]. 猪业科学, 34 (12): 88-90.

景学燕. 2006. 霉变苜蓿草对奶牛的危害及预防 [J]. 奶牛, 6: 16-24.

孔宪敏, 王松雪, 张波. 2011. 谷物水活度的康卫氏皿测定方法分析 [J]. 食品科技, 36 (11): 250-254.

库婷, 刘永峰, 张玲玲, 等. 2017. 牛乳品质检测方法的研究进展 [J]. 食品工业科技, 38 (1): 375-380, 385.

乐毅全, 王士芬. 2005. 环境微生物学 [M]. 北京: 化学工业出版社.

李春宏, 苏衍菁, 张培通, 等. 2018. 不同刈割时期对甜高粱产量和品质的影响 [J]. 南方农业学报 (2): 239-245.

李存福, 李玉荣, 屠德鹏, 等. 2013. 我国苜蓿草生产情况调查 [J]. 中国奶牛 (15): 10-13.

李刚, 杨粉团, 曹庆军, 等. 2017. 玉米等主要作物真菌毒素、限量标准与调控技术 [J]. 东北农业科学, 42 (6): 49-52.

李季伦, 朱彤霞, 张篪, 等. 1980. 玉米赤霉烯酮的研究 [J]. 北京农业大学学报 (1): 13-28.

李可, 丘汾, 梁肇海, 等. 2017. 超高效液相色谱法同时测定乳及乳饮料中黄曲霉毒素 M1 和 B1 [J]. 职业与健康, 33 (24): 3336-3339.

李娜, 张海林, 李秀芬, 等. 2015. 钙在植物盐胁迫中的作用 [J]. 生命科学, 27 (4): 504-508.

李蓉, 黄莹偲, 王勇, 等. 2015. 食品中真菌毒素检测技术的研究进展 [J]. 中国卫生检验杂志, 25 (18): 3195-3198.

李天芝, 于新友, 张颖. 2017. 饲料中霉菌毒素对猪的危害及预防措施 [J]. 饲料与畜牧 (1): 47-50.

李听听, 陈伟, 李广富, 等. 2014. 不同储藏条件下玉米中霉菌对黄曲霉毒素 B1 的影响 [J]. 食品与发酵工业, 40 (6): 211-215.

李廷轩, 叶代桦, 张锡洲, 等. 2017. 植物对不同形态磷响应特征研究进展 [J]. 植物营养与肥料学报, 23 (6): 1536-1546.

李文竹, 张根义, 桑亚秋. 2017. 真菌毒素 (DON、AFB1) 对 HepG2/C3A

细胞联合毒性及机理研究 [J]. 食品与生物技术学报, 36 (11): 1171-1179.

李燕. 2017. 霉菌毒素对家禽的危害及控制措施 [J]. 家禽科学 (10): 50-53.

李雨露. 2018. 浅议食品安全问题的治理 [J/OL]. 现代交际 (7) [2018-04-05].

林丹, 冯志强, 庄俊钰, 等. 2018. 鸡饲料及原料中真菌毒素分布及其对肉鸡代谢影响初探 [J]. 饲料研究 (2): 40-45, 53.

刘晨. 2002. 优质苜蓿草捆加工技术的研究 [J]. 草业科学, 17 (2): 7-10.

刘国栋, 熊丽云, 潘建伟, 等. 2018. 真菌毒素吸附物理脱毒的研究进展 [J]. 粮食与饲料工业 (2): 29-33.

刘杰淋, 唐凤兰, 朱瑞芬, 等. 2017. 不同时期刈割对苜蓿生长发育动态的影响 [J]. 黑龙江农业科学 (3): 108-110.

刘磊, 冯淳, 朱文赫, 等. 2016. T-2毒素诱导人结肠癌细胞凋亡的实验研究 [J]. 生物技术, 26 (1): 98-102.

刘荣荣, 陈思敏. 2017. 牛奶中霉菌毒素检测方法的研究进展 [J]. 食品安全导刊 (3): 92.

刘庭玉, 张颖超, 格根图, 等. 2016. 苜蓿高水分打捆人工继续干燥条件的优化 [J]. 西北农林科技大学学报 (自然科学版), 44 (3): 37-42, 68.

刘香萍, 杨智明, 曲善民, 等. 2016. 不同含水量苜蓿干草捆内真菌种类比较研究 [J]. 黑龙江畜牧兽医 (1): 258-259.

刘晓丽, 刘玉华, 韩生义, 等. 2018. 一株产脂肪酶细菌的分离、筛选和鉴定 [J]. 甘肃农业大学学报 (1): 22-28.

刘兴波. 2015. 天然牧草养分对草地利用强度与加工方式的响应 [D]. 呼和浩特: 内蒙古农业大学.

刘鹰昊, 格根图, 王志军, 等. 2015. 苜蓿田间干燥技术研究 [A]. 中国畜牧业协会. 第六届 (2015) 中国苜蓿发展大会暨国际苜蓿会议论文汇编 [C]. 中国畜牧业协会: 9.

刘永政，边爽，孙立杰，等．2016．大豆疫霉病拮抗内生真菌的鉴定与筛选［J］．安徽农业科学，44（22）：166-168，247．

刘玉润．2017．霉变饲料对猪的危害和防止办法［J］．现代畜牧科技（9）：51．

刘振宇．2001．紫花苜蓿合理收获及晒制打捆技术［J］．当代畜牧，21（4）：23-25．

陆源，王韦岗，马晓凤，等．2017．小麦粉中呕吐毒素测定方法优化研究［J］．广州化工，45（6）：115-116．

罗昱芬，翁秀秀，唐德富，等．2017．牛乳中黄曲霉毒素 B1 和 M1 检测方法的比较［J］．草业科学，34（12）：2546-2553．

苗福泓，王惠，孙娟，等．2017．鲁东南地区不同年龄紫花苜蓿营养品质的变化［J］．中国草地学报，39（5）：46-53．

牛建忠，周禾，史德宽．2006．苜蓿草捆含水量、密度及尿素对其质量的影响［J］．草地学报（1）：34-38．

庞彦芳，冯定远，温刘发，等．2001．颗粒料防霉保质效果的研究［J］．中国饲料（3）：6-8．

裴世春，李妍，高建伟，等．2018．采收期谷物中真菌毒素产毒菌的筛选鉴定［J］．食品科学：1-10．

齐德生，于炎湖，刘耘等．1999．霉变豆粕的品质研究［J］．粮食与饲料工业，1：23-25．

钱利纯，尹兆正．2005．玉米赤霉烯酮对畜禽的毒害作用研究进展［J］．黑龙江畜牧兽医（9）：78-80．

青文哲，杨伊磊，陈力力．2014．免疫标记分析技术及其在粮食霉菌毒素检测中的应用研究进展［J］．食品安全质量检测学报，5（8）：2378-2385．

全国畜牧总站．2007．豆科牧草干草质量分级（NY/T 1574—2007）［S］．北京：中国标准出版社．

荣磊，格根图，尹强，等．2013．不同处理苜蓿草捆贮藏期内品质变化研究［J］．饲料工业，34（7）：24-27．

邵瑞婷，张丽华，史娜，等．2017．免疫亲和净化-超高效液相色谱-串联质谱法测定食品中玉米赤霉烯酮类真菌毒素［J］. 食品科学，38（16）：274-279.

盛林霞，付豪，吴艺影，等. 2018. 粮食中呕吐毒素检测方法的研究进展［J］. 粮食储藏，47（1）：32-36.

石庆楠. 2017. 谷物中霉菌毒素的研究进展［J］. 现代食品（5）：47-49.

时永杰. 2001. 紫花苜蓿在干旱、半干旱、荒漠、半荒漠地区越冬性能研究［A］. 首届中国苜蓿发展大会论文集［C］. 中国草原学会：96-98.

斯达，穆麟，赵红凯，等. 2018. 高温刈割时期对非秋眠紫花苜蓿再生的影响［J］. 中国农学通报，34（2）：89-94.

宋焕，刘向阳，崔锦鹏. 2009. 饲料中霉菌毒素检测技术新进展［J］. 猪业科学，26（9）：66-69.

宋书红，杨云贵，张晓娜，等. 2017. 不同刈割时期对紫花苜蓿和红豆草产量及营养价值的影响［J］. 家畜生态学报，38（2）：44-51.

孙德智，李凤山，杨恒山. 2005. 刈割次数对紫花苜蓿翌年生长及产草量的影响［J］. 中国草地，27（5）：34-37.

孙京魁. 2000. 刈割期和晒制方法对苜蓿青干草粗蛋白和粗纤维含量的影响［J］. 草原与草坪（2）：26-28.

孙明，章瑞华. 1991. 紫花苜蓿不同留茬高度对分枝性能及产量的影响［J］. 中国草地，6：40-42.

孙启忠，王育青，候向阳. 2004. 紫花苜蓿越冬性研究概述［J］. 草业科学，21（3）：21-25.

孙启忠. 2001. 试论中国苜蓿产业化［J］. 中国草地（1）：65.

谭杰，杜苑琪，肖小华，等. 2017. 食品中霉菌毒素样品前处理及分析方法研究进展［J］. 分析测试学报，36（6）：829-840.

唐建安. 2015. 饲料霉菌毒素的危害及防制［J］. 四川畜牧兽医，43（5）：54-55.

田春丽，介晓磊，刘蠢，等. 2014. 硒锌与富啡酸配施对紫花苜蓿产量、营养成分及氨基酸组成的影响［J］. 草业学报，23（2）：66-75.

田福平. 2015. 黄土高原单播人工草地碳储量及其土壤速效养分特征研究［D］. 兰州：甘肃农业大学.

田淑丽，李维 . 2017. 玉米赤霉烯酮毒素研究进展与防控［J］. 粮食与饲料
工业（12）：36-40.

王代强，陈岩 . 2009. 谷物、饲料中霉菌毒素的特点与检测方法［J］. 养殖
技术顾问（11）：49.

王根旺 . 2005. 紫花苜蓿干草调制过程营养物质变化规律及干草调制技术
［J］. 甘肃农业（2）：93-94.

王洪娟 . 2017. 霉菌毒素对蛋鸡的危害及防治［J］. 中国畜牧兽医文摘，33
（10）：162.

王慧玲，张万祥，张春平 . 2018. 粮改饲发展草牧业浅议［J］. 青海畜牧兽
医杂志，48（1）：56-58.

王建坤，范新宇，张昊，等 . 2018. 基于 EDTA 络合滴定法测定重金属离子
浓度［J］. 天津工业大学学报（1）：1-5.

王建勋 . 2007. 紫花苜蓿单株再生性能分析与评价［D］. 兰州：甘肃农业
大学 .

王金梅，李运起，张凤明，等 . 2006. 刈割间隔时间对苜蓿产量、品质及
越冬率的影响［J］. 河北农业大学学报，29（3）：86-90.

王金勇，王小艳，李成，等 . 2016. 2015 年中国饲料和原料霉菌毒素检测
报告［J］. 今日养猪业（4）：73-76.

王敬，王火焰，周健民，等 . 2013. 盐酸提取-火焰光度计法测定黑麦草中
钾含量的可行性研究［J］. 土壤通报，44（3）：624-627.

王坤龙，王千玉，宋彦军，等 . 2016. 刈割次数对紫花苜蓿根系生长及返
青的影响［J］. 中国奶牛（6）：48-51.

王守经，胡鹏，张奇志，等 . 2010. 畜禽饲料黄曲霉毒素的污染及其控制
技术［J］. 农产品加工（学刊）（10）：37-39.

王姝 . 2018. 饲料受黄曲霉毒素污染的危害与防控［J］. 饲料博览
（2）：59.

王松雪，李爱科，谢刚，等 . 2006. 粮食饲料资源霉菌毒素检测技术［J］.
中国粮油学报（3）：415-418.

王文珺，桑华春 . 2017. 真菌毒素免疫检测技术的研究进展［J］. 食品安全
导刊（16）：24-26.

王小利，李小冬，舒健虹，等 .2015. 我国干旱地区紫花苜蓿种植关键技术的研究 [J]. 福建农业（7）：75.

王亚楠，王晓斐，王自良 .2018. 食品黄曲霉毒素总量检测方法的研究与应用 [J]. 食品与发酵工业，44（1）：285-290.

王怡净，张立实 .2002. 玉米赤霉烯酮毒性研究进展（综述）[J]. 中国食品卫生杂志（5）：40-43.

王志军，格根图，冯骁骋，等 .2014. 贮藏方式对苜蓿草捆营养品质的影响 [J]. 草地学报，22（4）：878-881.

魏金涛，齐德生，张妮娅 .2007. 五种饲料原料水活性等温吸附曲线研究 [J]. 中国粮油学报（3）：107-111，121.

魏云计，冯民，朱臻怡，等 .2017. 高效液相色谱-串联质谱法同时测定饲料中 11 种霉菌毒素 [J]. 色谱，35（8）：891-896.

翁晓辉，王敏，杜红方 .2015. 霉菌毒素的危害及其降解方法简述 [J]. 饲料广角（20）：31-33.

吴本刚，孙宝胜，徐存宽，等 .2017. 小麦中呕吐毒素和玉米赤霉烯酮与赤霉病粒关系研究 [J]. 粮食与油脂，30（7）：105-108.

吴良鸿，周易明 .2008. 不同含水量打捆贮藏对苜蓿干草营养组成和产量的影响 [J]. 草食家畜（4）：33-35，39.

武红 .2010. 苜蓿干草优化调制技术研究 [D]. 呼和浩特：内蒙古农业大学 .

夏超笃，艾琴，湛穗璋，等 .2017. 霉菌毒素吸附剂在动物饲料中应用的研究进展 [J]. 畜牧与饲料科学，38（4）：27-31.

向雨珂，熊犍，张晓琳，等 .2017.T-2 毒素脱毒菌株的筛选及脱毒机制初探 [J]. 食品科技，42（11）：27-33.

谢长城，高瑞娟，相慧，等 .2017.2017 年饲料霉菌毒素危害与防控论坛侧记 [J]. 中国畜牧杂志，53（4）：175-177.

谢刚 .2005. 粮食污染主要真菌毒素的研究 [D]. 成都：四川大学 .

邢玮玮 .2018. 酶联免疫吸附法在食品安全检测中的应用综述 [J]. 柳州职业技术学院学报（1）：121-125.

熊江林，周华林，丁斌鹰，等 .2015. 黄曲霉毒素生物合成及代谢转换的研究进展 [J]. 家畜生态学报，36（4）：85-89.

徐国栋 . 2017. 2013—2015 年国内饲料原料及饲料霉菌毒素污染调查概况 [J]. 中国动物保健，19（12）：1-6.

徐洪滨，李四山，张鹏飞 . 2018. 黄曲霉菌的分离鉴定及毒性试验 [J]. 中国畜牧兽医文摘，34（1）：72-73，111.

徐晶，张海霞，曲婷婷 . 2017. 霉菌及霉菌毒素对玉米的危害及防控对策和建议 [J]. 黑龙江粮食（9）：43-44，46.

徐荣，张佩华 . 2018. 黄曲霉毒素 B1 的检测方法 [J]. 湖南饲料（1）：38-39，48.

薛莲，井彩巧，张鹏，等 . 2017. 氮磷钾配比对甘蓝产量及养分吸收利用的影响 [J]. 水土保持通报，37（6）：80-84，91.

薛毅，张玥，吴银良 . 2016. 液相色谱-串联质谱法同时测定饲料中 17 种霉菌毒素 [J]. 中国畜牧杂志，52（19）：90-94.

杨恩忠 . 1986. 不同刈割期对苜蓿饲用品质的影响 [J]. 草地与饲草，2（2）：23-25.

杨浩宏，席琳乔，王栋，等 . 2016. 滴灌条件下氮、磷、钾肥效应对紫花苜蓿草产量的影响 [J]. 新疆农业科学，53（6）：1099-1106.

杨建伯，孙殿军，王志武 . 1995. 大骨节病病区病户主食中 T-2 毒素检出报告 [J]. 中国地方病学杂志（3）：146-149.

杨丽，徐安凯 . 2008. 苜蓿的营养、饲喂方式及其在畜牧业中的应用 [J]. 吉林农业科学（2）：40-42，47.

杨凌宸，向建洲，贾杏林 . 2017. 对 T-2 毒素造成细胞凋亡的研究探索 [J]. 黑龙江畜牧兽医（21）：87-89.

杨新宇，崔嘉，吴峰洋，等 . 2017. 玉米赤霉烯酮的毒性及脱毒技术的研究进展 [J]. 饲料研究（24）：5-10.

杨信，李布勇，范小平，等 . 2017. 饲料中隐蔽呕吐毒素研究进展 [J]. 中国饲料（21）：7-10，15.

姚宝强，杨在宾，杨维仁 . 2009. 玉米赤霉烯酮及吸附剂对断奶仔猪生产性能、营养物质利用率和肌肉品质的影响 [J]. 饲料研究，30（13）：20-24.

依桂华，段林 . 2012. 黄曲霉毒素检测的几种方法 [J]. 养殖技术顾问

（10）：151.

易中华，彭莉.2010. 饲料中霉菌毒素对动物免疫功能的影响［J］. 饲料工业，31（5）：43-46.

殷成文，Earl Kenne.2014. 奶牛用高含水量的苜蓿干草捆［J］. 中国饲料（15）：41-42.

殷蔚申，张耀东，吴小荣.1989. 储藏饲料的霉变与品质变化［J］. 郑州粮食学院学报（4）：26-33.

尹杰，伍力，彭智兴，等.2012. 脱氧雪腐镰刀菌烯醇的毒性作用及其机理［J］. 动物营养学报，24（1）：48-54.

尹强，马强，贾玉山，等.2010. 天然矿物质防霉剂对苜蓿干草捆营养价值的影响［J］. 内蒙古草业，22（1）：45-48.

尹强.2010. 天然防霉剂在草捆安全贮藏中的应用研究［D］. 呼和浩特：内蒙古农业大学.

于合兴.2016. 添加防霉剂对苜蓿干草贮存品质的影响［J］. 当代畜牧（15）：42.

于辉，王俊丽.2010.5 种野生牧草的营养成分分析［J］. 草业与畜牧（9）：30，42.

于新友，李天芝，沈志强.2017. 饲料中霉菌毒素对猪的危害及预防措施［J］. 养猪（1）：30-32.

俞宪和，胡亚琴，徐生坚，等.2014. 胶黏剂中异佛尔酮的气相色谱法测定［J］. 浙江树人大学学报（自然科学版），14（3）：28-31.

袁艳茹.2018. 奶牛饲草料霉菌毒素污染情况调查［J］. 今日畜牧兽医，34（2）：3-4.

岳晓禹，陈威风，邹健，等.2017. 温度对储藏玉米中霉菌生长影响的动力学模型构建［J］. 食品科学，38（23）：231-236.

翟文栋，赵晓静，高婕.2014. 紫花苜蓿应用于奶牛生产的研究进展［J］. 黑龙江畜牧兽医（1）：39-41.

张宝文，南志标，刘旭，等.2012. 关于大力推进苜蓿产业发展的建议［A］. 第二届中国草业大会论文集［C］. 中国畜牧业协会草业分会：7.

张丞.2010. 霉菌毒素脱毒剂研究进展［J］. 饲料与畜牧（1）：31-33.

张翠芬，董伟峰，李莉，等 .2015. 玉米存储过程中真菌毒素污染控制与监测的研究进展 [J]. 食品安全质量检测学报，6（1）：30-34.

张红建，邹易，赵阔，等 .2017. 包装方式对储运过程中大米品质影响的研究 [J]. 粮食与饲料工业（11）：5-8.

张华 .2004. 饲料霉变的原因、危害及防治措施 [J]. 贵州省饲料监察所饲料研究（2）：33-34.

张慧晶，谢正军 .2008. 杜绝霉变隐患，确保饲料质量——饲料中水分含量对饲料质量安全的影响 [J]. 中国动物保健（7）：59-62.

张洁冰，南志标，唐增 .2015. 美国苜蓿草产业成功经验对甘肃省苜蓿草产业之借鉴 [J]. 草业科学，32（8）：1337-1343.

张明，黄解珠，龙俊敏，等 .2018. 饲料及饲料原料中霉菌毒素检测方法的研究进展 [J]. 江西饲料（1）：1-3，9.

张鹏，张艺兵，鲍蕾，等 .2003. 出入境粮谷中呕吐毒素检测方法的研究 [J]. 检验检疫科学（2）：8-10.

张少刚 .2018. 食品质量安全问题诱因分析及对策研究 [J]. 现代营销（下旬刊）（1）：218.

张婷婷 .2012. 提高苜蓿中蛋氨酸含量的方法 [J]. 生物技术世界，10（7）：14-16.

张伟毅，史莹华，姚惠霞，等 .2010. 不同温度下苜蓿草捆霉变规律及草捆品质变化 [J]. 草业科学，27（11）：145-150.

张晓燕 .2017. 施钾对苜蓿营养、次生代谢物质及抗蓟马的影响 [D]. 兰州：甘肃农业大学 .

张秀荣，高淑平，付影，等 .2017. 玉米中呕吐毒素含量与生霉粒含量的相关性探究 [J]. 现代盐化工，44（4）：48-49.

张元培，秦思远，李远方，等 .2018. 浅析霉菌毒素对猪的危害及防治 [J]. 河南农业（1）：55-56.

张哲 .2017. 不同干燥方式对紫花苜蓿营养成分的影响研究 [D]. 呼和浩特：内蒙古农业大学 .

张志朋 .2018. 猪霉菌毒素中毒的危害、主要症状与防治 [J]. 现代畜牧科技（1）：88.

赵虎 . 2008. 玉米赤霉烯酮对断奶仔猪生产性能、免疫功能和器官发育影响的研究 [D]. 济南：山东农业大学 .

赵久顺，杨朝霞，龚晓德，等 . 2014. 宁夏盐池气候条件对紫花苜蓿生长发育影响分析 [J]. 现代农业（7）：49-52.

赵丽红，高欣，马秋刚，等 . 2012. 黄曲霉毒素降解菌对饲喂含 AFB1 霉变玉米日粮蛋鸡生产性能和蛋品质的影响 [J]. 中国畜牧杂志，48（11）：31-35.

郑德琪，张理汉，关贵民，等 . 1991. T-2 毒素对小鼠致癌作用的病理形态学观察 [J]. 军事医学科学院院刊（4）：266-271.

郑先哲 . 2004. 苜蓿干燥特性与品质的试验研究 [J]. 干燥技术与设备，3（1）：65-68.

周浮萍，宋诗伟 . 2017. 食品中黄曲霉毒素的危害及检测方法探讨 [J]. 食品安全导刊（36）：59.

周磊，刘昌良，陈清华，等 . 2014. 豆科植物缺素症及其防治措施 [J]. 安徽农业科学，42（14）：4242-4247.

周升绪 . 2017. 饲料质量对食品安全影响 [J]. 中国畜禽种业，13（10）：43.

周妍，张圆圆，刁晨曦，等 . 2017. 玉米赤霉烯酮检测方法的研究进展 [J]. 中国饲料（16）：35-39，42.

朱凤民 . 2017. 猪赤霉菌素中毒的临床症状、病理变化和防治措施 [J]. 现代畜牧科技（5）：117.

庄巧云，谢卫忠，方晓斌 . 2017. 关于小麦粉呕吐毒素（DON）的研究 [J]. 现代食品（10）：78-80.

Abrar M, Anjum F M, Butt M S, et al. 2013. Aflatoxins: biosynthesis, occurrence, toxicityandremedies [J]. CritRevFood SciNutr（53）：862-874.

Alegakis A, Tsatsakis K. 1999. Deactivation of mycotoxins. Anin vitro study of Zearalenone adsorption on new polymeric adsorbent [J]. Journal of Environmental Science Heal th, B34：633-644.

Anderson W A. 1988. Alfalfa harvest review. Diary-Herd-Manage, 25（5）：36-37.

Arno C, Ellen, M, Albertinka J. 2002. Cytotoxicity assays for mycotoxins pro-
duced by Fusarium strains: a review. Environmental Toxicology and Pharma-
cology, 11: 309-320.

Basappa S C, Shantha T. 1996. M ethods for detoxincation of aflatox in if foods
and feeds_ a Critical appraisal [J]. Journal of Food Science and Technology,
33 (2): 95-108.

Bennett G A, Richard J L. 1996. Influence of processiing on fllsarium mycotoxins
in contaminatedgrains (J). Food Technol, 50 (5): 235-238.

Bullerman L B, Ryu D, Hanna M A. 1999. Stabilhy of Zearalenone during extru-
sion of come grits [J]. Journal of Food Protection, 62 (12): 1482-1484.

Engelhardt G. 1986. Production of mycotoxins by Fusarium species isolated in
Germany 1. Time course of deoxynivalenol, 3 - acetyldeoxynivalenol , and
Zearalenone formation on solid substrates [J]. Z Lebensm Unters Forsch
(182): 123- 126.

Fecess F, Tesar M B. 1968. Photosynthetic efficiency, yields and leaf loss in al-
falfa [J]. Crop. Sci, 8: 159-163.

Fornnesbeck P V, Carcia de heinandez M M. 1986. Kaykay J M. Estimating
yield and nutrient losses due to rainfall on field drying alfalfa hay [J].
Animal Feed Science and Technology (16): 7-15.

Friesen P J. 1993. Cell wall matrix interactions and degradation - session
synopsis. In Forage Cell Structure and Digestibility. ASA - CSSA - SSSA,
677S. Segoe Road, Madison, Wl53711, USA, 377.

Geoffrey E. 1992. Brink, Timothy E. Fair brother. Forage quality and morpho-
logical Component of diverse clovers during primary spring growth [J]. Crop
Sci, 32: 1043.

Gonzalez B, Boucaud J. 1980. Fructan and cryoproteetion inryegrass (Lolium pe-
renne L.) [J]. New phytologist (115): 319-323.

Goto M E, Simada E, Sugawara K. 1986. The relation between palatability and
chemical compositionof herbages cultivated in the shading condition [J]. Bul-
letin of the Faculty of Agriculture (72): 81-85.

Hagemann R W, Marble V L. 1983. Variety responses to cutting schedules in imperial valley [J]. Proceeding of the 13th California alfalfa symposium.

Harvey R B, Kubenal F, et al. 1986. Prevention of aflatoxicosis by addition of hydrated sodium calciumaluminosilicate to the diets of growing barrows from aflatoxicosis [J]. AM J Vet Res, 50: 416-420.

Henrysh, Boschfx, Troxelltc, et al. 1999. Reducing livercancer global controlofaflatoxin [J]. Science, 286 (5449): 2453-2454.

Imen Ayed-Boussema, Chayma Bouaziz, Karima Rjiba, et al. 2008. The mycotoxin Zearalenone induces apoptosis in human hepatocytes (HepG2) viap53-dependent mitochondrial signaling pathway [J]. Toxicology in Vitro 22, 1671-1680.

Jefferson P C, Gosssen, B D. 1992. Fall harvest management for irrigated alfalfa in southern Saskatchewan [J]. Can. J. Plant sci, 72: 1183-1191.

Kubena L F, Harvey R B, Buckley S A, et al. 1999. Effects of longterm feeding of diets containing moniliformin, supplied by Fusarium fujikuroi culturematerial, and fumonisin, supplied by Fusarium moniliforme culture material, to laying hens [J]. Poultry Science, 78: 1499-1505.

Kyriakis S C, Papaioannou D S, Alexopoulos C, et al. 2002. Experimental studies on safety anddfficacy of the dietary use of a clinoptilolite-rich tuffin sows: a review of recent reasearch in Greece [J]. Micropor Mesopor Mater, 51: 65-74.

Llovera J, Ferran J. 1998. Harvest management effects on alfalfa production and quality in Mediterranean areas [J]. Grass and Forage Sci, 53: 88-92.

Maonson W G. 1966. Effect of sequential defoliation, frequency of harvest and stubble height on alfalfa (Medicago sativa L.) [J]. Agron. J, 8: 635.

Mumpton F A, Fishman. 1977. The application of natural zeolites in animal science and aquaculture [J]. JAnim Sci, 45: 1188-1203.

N Paster, N LIsker. 1982. The nutritional value of moldy grains for broiler chicks [J]. poultry science, 61 (11): 47-54.

Ouanes Z. 2003. Induction of micronuclei by Zearalenone inVero monkey kidney cells and in bone marrowcells of mice: protective effect of Vitamin E [J]. J

Mut Res (538): 63-70.

Pestka. 2007. Deoxynivalenol: Toxicity, mechanisms and animal health risks [J]. Animal Feed Science and Technology, 137 (3): 283-298.

P. J. Van Sorest et al. 1991. Methods for dietary fiber neutral detergent fiber and no starch polysaccharides in relation to animal nutrition [J]. Dairy Sci, 74. 3583-3597.

Reddy K. S. 2005. The essentials of forensic medicine and toxicology [J]. Journal of PunjabAcademy of ForensicMedicine & Toxicology, 5 (5): 53-53.

Richard J L, Payne G A, 2003. Mycotoxins: risks in plant, animal and human systems. CAST report [R]. Council forAgricultural Science and Technology, Ames, lowa, USA.

Sanderson, E R Φrskov. 1993. Comparison of invitro and nylon bag degradability of roughages in Predicting in feed intake in cattle [J]. Anim Feed Seiand Technol, 40: 109-119.

Smith D, Nelson C J. 1967. Growth of birds foot trefoil and alfalfa. 1. Response to height and frequency of cutting [J]. Crop Sci, 7: 75-78.

Smith. 1972. Cutting schedules and maintenance pure stands. In C. H. Hanson (ed.) Alfalfa science and technology [J]. Agronomy, 15: 481-496.

Swanmy H V L N. 2005. China Anim Husbandry Veterinary Med (in Chinese) [J]. 32 (3, Altech Spicial): G1-G2.

缩略词表

英文缩写（英文全称）	中文
DM（Dry Matter）	干物质
CP（Crude Protein）	粗蛋白质
Ash（Curde Ash）	粗灰分
ADF（Acid Detergent Fiber）	酸性洗涤纤维
NDF（Neutral Detergent Fiber）	中性洗涤纤维
RFV（Relative Feeding Value）	相对饲用价值
WSC（Water Soluble Carbohydrates）	可溶性碳水化合物
Ca（Calcium）	钙
P（Phosphorus）	磷
Mg（Magnesium）	镁
K（Kalium）	钾
Methionine	蛋氨酸
Lysine	赖氨酸
Aflatoxin	黄曲霉毒素
Vomitoxin	呕吐毒素
Fumonisins	烟曲霉毒素
Ochratoxin	赭曲霉毒素
Zearalenone	玉米赤霉烯酮
T-2toxin	T-2 毒素

致　　谢

光阴似箭、岁月如梭！本研究完成之际，感慨万千。

首先感谢我的两位恩师贾玉山教授和格根图教授。本研究的完成离不开两位导师的悉心教导。研究的设计、野外试验、室内分析、数据处理和书稿的写作都离不开两位恩师的帮助。他们严谨治学的作风、循循善诱的教诲、以身作则的态度和无私奉献的品质给我留下了深刻的印象，在此向两位老师致以深深的敬意！

试验期间，国家牧草产业技术体系赤峰市综合试验站为我提供了诸多便利条件；在攻读博士研究生期间，感谢博士研究生孙林、侯美玲、王志军、刘丽英、王伟、都帅、孙磊，硕士研究生范文强、成启明、卢强、降晓伟、包建、于浩然、李宇等师弟师妹的帮助。在研究完成之际，向这些关心帮助我的兄弟姐妹们一并表达我最衷心的感谢。

特别感谢我的爱人武倩同志在学习和生活上给予我的诸多关心、理解和支持；感谢我的舍友朱国栋、石亮、王鼎在宿舍生活中的照顾。

最后，我要把我真挚的谢意献给我的家人。多年来他们无微不至地关怀和关爱我，在我最艰难的日子里给予我力量让我坚持下去，鼓励我不断努力进步，他们对我伟大无私的爱我都铭记于心，在这里深深地祝福他们，愿他们健康、幸福。

写到这里我禁不住热泪盈眶，感激之情难以言表。在今后的工作生活中我定不负所托，努力拼搏，无愧于导师栽培，无愧于家人及亲友们的厚望。